葡萄酒就这么简单

韩绍波 等◎编著

清華大学出版社
北　京

内 容 简 介

作者是一位不小心碰到葡萄酒并深深爱上葡萄酒的文艺小青年。本书从葡萄酒爱好者、消费者的角度出发，以葡萄酒为主线，以主人公的小故事为辅线，将葡萄酒这个亲切而又神秘的精灵立体鲜活地展现给大家：从葡萄酒的历史到葡萄酒的分类，从葡萄酒的工艺到葡萄酒的品尝，从葡萄酒的购买到葡萄酒的收藏……本书既适合葡萄酒初学者又适合葡萄酒爱好者。另外，本书还是一本闲来无事、随手翻翻的大众读物。

图书在版编目(CIP)数据

葡萄酒就这么简单 / 韩绍波等编著. — 北京：清华大学出版社，2017
ISBN 978-7-302-45505-9

Ⅰ.①葡… Ⅱ.①韩… Ⅲ.①葡萄酒—基本知识 Ⅳ.①TS262.6

中国版本图书馆 CIP 数据核字(2016)第 275141 号

责任编辑：张立红
封面设计：邱晓俐
版式设计：方加青
责任校对：李跃娜
责任印制：杨 艳

出版发行：清华大学出版社
网 址：http://www.tup.com.cn，http://www.wqbook.com
地 址：北京清华大学学研大厦 A 座 邮 编：100084
社 总 机：010-62770175 邮 购：010-62786544
投稿与读者服务：010-62776969，c-service@tup.tsinghua.edu.cn
质 量 反 馈：010-62772015，zhiliang@tup.tsinghua.edu.cn
印 装 者：北京亿浓世纪彩色印刷有限公司
经 销：全国新华书店
开 本：170mm×240mm **印 张：**18.25 **字 数：**261 千字
版 次：2017 年 3 月第 1 版 **印 次：**2017 年 3 月第 1 次印刷
定 价：69.00 元

产品编号：071989-01

前言

“不懂了吧，这款酒是1996年的Chateau Mouton Rothschild，国内人称‘武当王’或‘木桐’。你看酒标上这画，是中国画家古干的作品。你不知道吧，木桐酒庄从1945年起每年请世界各地知名画家为它设计酒标，而且1973年的酒标是毕加索画的，当然……”

听朋友在这里滔滔不绝地侃，我实在忍不住了，就打断了他。“行了，看了点葡萄酒方面的书，就在这里装起行家来了。”

“再介绍，介绍嘛……”大家围着他七嘴八舌地说。

其实，我偷偷告诉你们，他才看了手里拿的这本书，刚刚上路呢。

实话实说，这样场景的重现，是我写这本书的初衷，也是支持我写下去的动力。我想说的是，对于我们大多数人来说，葡萄酒很简单，不要想得那么复杂。你想，我们起初喝啤酒或者喝茶的时候，也没有探讨过不同种类细微的区别，只是拿来就喝。当然，如果我们再知道一些行家常谈论的知识，那就更好了。除了可以满足我们或多或少的虚荣心外，我们还可以更加详细地了解所喜爱的葡萄酒。事物就是这样，你越了解就越感兴趣，越感兴趣就越想进一步了解。如果一不小心，我的这本书能起到抛砖引玉的作用，把你这位中国葡萄酒界的天才从茫茫人海中揪出来，成为中国第一位“MW”①，那也算是此书的造化。啰里啰嗦说了那么多，一言蔽

① “葡萄酒大师”(Master of Wine)是由伦敦葡萄酒大师学会（IMW）于1953年开始设立的一种专业资格考试，每年通过考试的新晋“葡萄酒大师”平均不到5人，他们被授权可以在姓名后面加上Master of Wine的缩写MW。在葡萄酒圈子，MW头衔是最耀眼的光环。

之，我就想让你轻轻松松在不知不觉中认识葡萄酒、喜欢上葡萄酒，为你日后能成为真正的行家做个引荐。即使你没有天生敏锐的葡萄酒感官，那也可以成为一个像我这样的“山寨”行家，喜欢葡萄酒，欣赏葡萄酒，收藏葡萄酒，喝葡萄酒，这样也不错嘛。

王国维在《人间词话》中说，“古之成大事业，大学问者，必经过三种之境界：‘昨夜西风凋碧树。独上高楼，望尽天涯路。’此一境界也；‘衣带渐宽终不悔，为伊人消得人憔悴。’此二境界也；‘众里寻她千百度，蓦然回首，那人却在灯火阑珊处。’此三境界也。”其实，推及葡萄酒，或者从大处说的任何事物，比如人生，都是一样的。

我开始认识葡萄酒的时候，感觉法国葡萄酒就是法国酒、澳洲葡萄酒就是澳洲酒；然后，随着认知的增加，我发现法国葡萄酒又不像是法国酒、澳洲葡萄酒又不像澳洲酒，这个过程是相当复杂纠结的。如果有一天，我能达到法国葡萄酒还是法国酒、澳洲葡萄酒还是澳洲酒这个认知境界，那么是不是“MW”也就无所谓了。

当然，这本书是我身处第二境界、每次纠结地回想第一境界时写的。因为第一境界是我感觉最美妙、最喜欢的。我怀着崇高的理想抱负，而且信心满满，感觉葡萄酒美极了，自己以后就会成为下一个帕克[①]（美国知名葡萄酒品评家）。这时我可能知识不够全面，但也许正是因为我理论知识的欠缺，才让我花更多的时间更专注地去仔细品味酒本身的味道，而不是拿条条框框来衡量这瓶酒怎么样，从而错过了和它单独相处时美妙的记忆。有的作家把这个时期比作是我们和葡萄酒的初恋。我感觉很好，你想想，也许正是因为我们年少不懂爱，才敢爱，才会全身心认真地爱，才有了那刻骨铭心的初恋。

还记得你的第一次约会吗？我记得我的第一次，逞强骑单车载女友出门，当时总是感觉电影里就是这么演的，很帅。可是悲哀的现实是：我带她连连摔倒，第一次骑单车载人被传载，回学校那丢人劲儿甭提了；记得第一次牵女友的手时，心跳得厉害，还要故作老练深沉；记得第一次亲吻时，掩不住的兴奋和那时咬破的嘴唇。当然和葡萄酒的第一次，我也忘

---

① 著名的美国酒评家罗伯特·帕克（Robert Parker）。

不了。忘不了第一次品尝自己酿造的半成品葡萄酒，那种虽然满嘴青草、树叶和土壤掺杂的味道，还是一个劲儿地说着好喝；当然忘不了，第一次喝chateau palmer（宝马庄）[1]时，被它那种萦绕在杯口的果香、花香和进入口中时圆润细腻且饱满的气味所征服；当然也忘不了，第一次喝Beaujolais nouveau （薄若莱新酒）[2]时，被它那种清纯自然未加修饰的纯所迷倒……

现在，虽然我也喝过好多价格、知名度比第一次喝过的酒“好”的，但是那种感觉却没有了。我总是在喝的时候不经意地想：这个酒平衡性怎么样，这个酒有什么缺陷，这个酒特点是什么，而不是认真投入地品味这款独一无二的酒。

我想我们总会有第一次的，无论是恋爱还是喝酒。可能现在你也在回忆或者只是停留在观望中，总是在想一些问题：

“什么样的酒是好酒？”“喝葡萄酒对身体好还是不好？”“这样拿杯子会不会被别人笑话？”“什么是五大名庄酒？”“该怎么品尝？”“我花的这钱购买葡萄酒值不值？”“这个酒我存一存是不是可以升值了？”等等。

如果你总是被这样或那样的问题所困扰，在犹豫，担心和葡萄酒的第一次接触会因为不了解而造成不愉快，那么我来告诉你，还没有接触过的，就放心来接触、来“恋爱”吧。如果支离破碎经历过，现在都模糊了，那么就再重新来一次，因为那时的你可能连最基本的是不是葡萄酒都还不确定（假酒、坏酒、掺水酒等）。现在好了，这次可以以一个对等的角色来好好和你的美酒谈场恋爱。你会更加懂得如何爱护它、如何欣赏它，怎么样才能让它发挥出最大魅力。而那些被一连串的问题所困扰的人们，不但可以成为一个像我这样的“山寨”行家来帮别人解答问题，更可以抛开那一连串问题和葡萄酒来场真正的恋爱。

那么，还在犹豫什么，赶快行动起来吧。或成为那个帮他人解惑的“山寨”葡萄酒行家，或好好和葡萄酒谈场恋爱。让我们一起去感受它带

---

① 1855年法国波尔多评级制度中列三级名庄。

② 薄若莱产区把当年新生产的酒在11月第三个星期四这一天全球同步发售，也叫新酒节。

给我们的奇妙魅力吧。借用朋友常说的一句话结尾：

“酒中至乐，永不徒然。”

本书由韩绍波组织编写，同时参与编写的还有黄维、金宝花、李阳、程斌、胡亚丽、焦帅伟、马新原、能永霞、王雅琼、于健、周洋、谢国瑞、朱珊珊、李亚杰、王小龙、张彦梅、李楠、黄丹华、夏军芳、武浩然、武晓兰、张宇微、毛春艳、张敏敏、吕梦琪。

目录

第一篇　基础篇

第二篇 扩展篇

第一篇　基础篇

“千里之行，始于足下。”

“万事开头难。”

“好的开始，是成功的一半。”

…………

想到要写一本关于葡萄酒的基础书，这些关于开篇的话就自然地钻到我的脑袋里。确实是这样，基础篇也许是最枯燥的，最不好写的。因为要把一个陌生的东西一点点地介绍给大家，让大家认识它、熟悉它是有些困难。希望大家在读这一篇时能够耐住性子，认真读下去。只有我们把基本的知识掌握了，才能在遇到喜爱的葡萄酒的时候与之共舞。

本篇主要从“葡萄酒历史和分类”“葡萄酒的工艺”“葡萄酒必备工具”和“特种葡萄酒”等几个方面展开，尽可能全面清晰地将葡萄酒介绍给大家。当然里面也穿插着些许的小故事，记录了主人公的小青春和小忧伤，权且逗大家开心，调节情趣。

好了，还在等什么？抓紧开启我们的葡萄酒之旅吧！

第1章　葡萄酒历史和分类

我们先走进那古远的历史中去亲身感受一下葡萄酒，了解它是怎么来到人间的，历史中的那些人与葡萄酒又发生了哪些事。然后我们会介绍葡萄酒的定义和分类，好让大家对葡萄酒有个最基本、最直观的认识。

1.1　剪不断理还乱的历史

剪不断，理还乱，这历史真是一番滋味在心头。我想，不只我自己想起那段葡萄酒的历史就头大吧？初接触葡萄酒的爱好者可能会想：我是爱好葡萄酒，想欣赏它，想拥有它，和我谈什么历史？就好比，你发现一个倾城之色的女子，想接近她，却出来个多事管家说："想接近我们家小姐，先把这幅对联对上吧！"或者更有甚者，"先说说你对我家族的了解吧。"你当时虽不至于抑郁到扼腕而殉情，但也足够让你仿佛撞上了南墙。虽然这个比喻不那么恰当，但是现实中总是有那么多学习热情高涨、

图1-1　晨曦中的葡萄园

精力充沛、有探讨精神或者爱好使然的人们，总想知道以前的那些人、那些事，或者了解后总想在你面前说说，以显示他们的渊博。因此，咱们本着不至于在朋友面前太跌份，本着能应付那些多事的管家，本着能在一些场合也能装一把专家的初衷，就在这一章节就把葡萄酒的历史剪断、理清。

1.1.1 开胃小菜

在中国说到葡萄酒，当然少不了咱们那首脍炙人口的诗句：“葡萄美酒夜光杯，欲饮琵琶马上催。”这是唐代边塞诗人王翰写的一首诗，表达什么意思这里不去考究。咱们在这里说到它，无非就是别在人家说的时候你不知道，那多没面儿。你要是不但知道，而且还把下句“醉卧沙场君莫笑，古来征战几人回”抑扬顿挫地给对上，好家伙，那什么架势！最起码咱也对得起从小教我们唐诗的老师啊，往大里扯，咱也是华夏文明的子孙，不能出口成章，也该能吟诵这么几首诗。

图1-2　凉州词

当然，除去会背几句带葡萄酒的唐诗，你也该知道咱们国家最早的葡

图1-3　张裕酿酒公司

萄酒公司是张裕葡萄酒公司。它是清朝光绪年间华侨张弼士投资引进酿酒葡萄品种和酿造设备等建立的，距今也有一百多年历史了。咱们这里不做详细介绍，是因为我对“张裕”这位美女还没有那么迷恋。但值得注意的是，张裕可不是咱们国家最早酿造葡萄酒的，它只是最早成立的葡萄酒公司，而且当时的酿造设备和酿造工艺都与世界接轨了。说完这个，当然要再告诉你点国际的。比如，《圣经》创世纪第八、九章中说：诺亚是世界上第一个种植葡萄并酿酒的人；再如，希腊是欧洲最早种植葡萄、酿造葡萄酒的国家，可是现在的葡萄酒王朝首推法兰西。

开胃菜吃完，我们言归正传，把今天的大餐端上。我把葡萄酒的发展过程串了根线，你就挨着理，保准不会再乱。吃大餐之前，我先解释一下为什么说葡萄酒的发展是一个由自然酒到人造酒的过程。最早的葡萄酒是怎么产生的，我们没有文献记载，应该是大约一万年前上苍恩赐给我们的礼物。因为在自然状态下葡萄表皮上就覆有酵母菌，一旦满足合适的条件，就能自然发酵成酒，这就是最早的葡萄酒。所以，我们接下来说的都是人造酒的发展。

1.1.2 大餐端上

多数史学家认为，葡萄酒的酿造起源于公元前6000年美索不达米亚平原：古代波斯，即现在的伊朗、伊拉克、叙利亚北部等地。

随后波斯人将其传到古埃及。从古埃及古墓中发现一种底小圆、肚粗圆、上部颈口大的盛液体的土罐陪葬品，经考证是古埃及人用来装葡萄酒或油的土陶罐；还有在浮雕中描绘着古埃及人栽培和采收葡萄、酿造和饮用葡萄酒的情景，至今已有5000多年的历史。

图1-4 古埃及土陶罐

接着，埃及人将其酿酒技术流传到希腊的克里特岛，希腊成为欧洲最早开始种植葡萄与酿造葡萄酒的国家。而希腊人随后又把酿酒技术带到意大利的西西里岛、法国的普罗旺斯、北非的利比亚和西班牙沿海地区等。与此同时，罗马人从希腊那里学会了葡萄栽培及酿造技术，随后经由罗马帝国传遍了全欧洲。

提示
这个时期，传到的葡萄酒国度，就是所谓的“旧世界”。

图1-5　公元1000年前伊特鲁里亚人在意大利中部地区饮酒的场面

15世纪，葡萄酒技术已经传入日本、朝鲜等国。16世纪，随着欧洲国家的航海探险家的行程，他们在所到达的中美洲和南美洲国家纷纷建立葡萄园。很快地，葡萄种植技术在美国、加拿大和南美洲的西海岸地区得到推广，17世纪之后传到南非、澳大利亚和新西兰等国家。至于中国，有文字记载的葡萄栽培和葡萄酒历史也有3000多年了。

提示
这个时期，传到的葡萄酒国度，就是现在称作的“新世界”。

图1-6　葡萄种植园

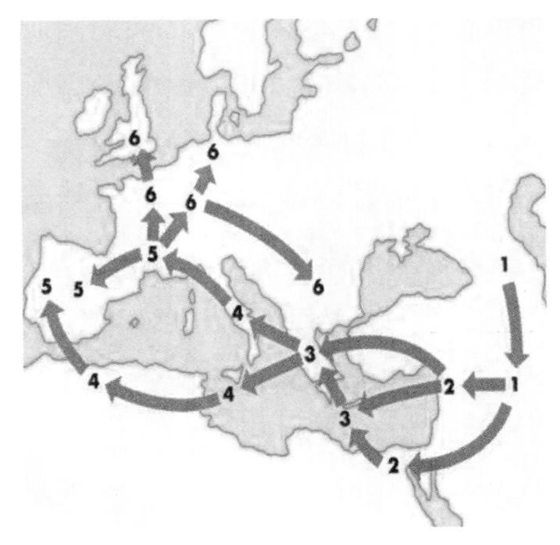

图1-7　葡萄酒传播路线

有图有真相，葡萄酒传播路线

图中数字代表：

1. 葡萄种植最早起源于美索不达米亚平原。

2. 公元前6000年，埃及和腓尼基有葡萄种植。

3. 公元前3000—公元前2000年，葡萄种植和酿酒技术传入希腊。

4. 公元前1000年，传入意大利、西西里和北非。

5. 公元前500年，传入西班牙、葡萄牙和法国南部。

6. 随着罗马帝国的扩张，传入北欧和俄罗斯南部。

1.1.3 饭后甜点

大餐吃完，可能或多或少感觉头晕，不是“乳子有点咸”，而是东西有点陌生。无论如何，吃完主餐该来些甜点。因为饭后再来些甜点，你自然会心情愉悦起来，再美美地睡上一觉，一生何求？

说到这些历史，总要说说那些事中的那些人吧。下面我就结合图片让你认识一下几个大人物。

首先是古埃及的酒神奥西里斯（Osiris），至于他生前是一个怎么开明的国王，他又是怎么被他弟弟害死的，这些都没有那么重要。这里咱们主要就是说说他被称作什么、长什么样子。他是公认的葡萄树（Vines）和葡萄酒（Wines）之神，也被埃及人称作“丰饶之神”。因为他生前当国王时教会当地人民耕作，所以死后人民还是对他崇拜有加。奥西里斯以一个皮肤绿色（代表植物）、留着胡须、手持连枷和权杖、头戴周边插满红色羽毛的白色王冠的形象被后人崇拜。

图1-8　奥西里斯

说完古埃及的酒神，接着说古希腊和古罗马的酒神——知名度最大的狄俄尼索斯（Dionysus），在罗马，人们叫他巴克斯（Bacchus）。关于他的传说，更是神奇。传说，他是宙斯和塞墨勒的儿子。塞墨勒是忒拜公主，宙斯爱上了她，与她幽会。天后赫拉得知后十分嫉妒，变成公主的保姆，怂恿公主向宙斯提出要求：要看宙斯的真身，以验证宙斯对她的爱情。宙斯拗不过公主的请求，现出原形——雷神的样子，结果塞墨勒在雷火中被烧死，宙斯抢

图1-9　狄俄尼索斯

救出不足月的婴儿狄俄尼索斯，将他缝在自己的大腿中，直到足月才将他取出。由于他在宙斯大腿里时宙斯走路像个瘸子，因此得名（“狄俄尼索斯”即“瘸腿的人”之意）。下面贴几张他的照片，供大家认识。

他不仅握有葡萄酒醉人的力量，还因布施欢乐与慈爱成为极有感召力的神，他推动了古代社会的文明并确立了法则，维护着世界和平。此外，他还护佑着希腊的农业与戏剧文化。他以葡萄叶和葡萄为头冠，以葡萄叶为服饰，身边跟随野兽与侍女。在古希腊色雷斯人的仪式中，他身着狐狸皮，据说是新生的象征。

图1-10　狄俄尼索斯

国外的说过了，那么我们国家的酒神呢？我们国家受几千年文化的影响，没有传统意义上的酒神，更没有祭奠、崇拜之说。因为夏朝最后一个统治者桀因为“为酒池糟堤，纵靡之乐，一鼓而牛饮者三千人”（《资治通鉴》），不理朝政，被商汤放逐，直至亡国。从此之后直至明清，每代统治者都秉着“因酒亡国”论，所以在古代饮酒不抓就好了，谈何祭拜酒神。中国没有崇拜的酒神，也可能与我们受佛教影响比较大有关。不过要说出一个两个酒神级的人物，我们当然能举得出来。

图1-11　杜康

比如仪狄，据《世本》《吕氏春秋》《战国策》等先秦典籍记载，仪狄是夏禹时代司掌造酒的官员，相传是我国最早的酿酒人。关于仪狄造酒的故事，我们后面再说。当然你肯定也想到了曹操的“何以解忧，唯有杜康”。据传说，杜康为少康，夏朝第五代君主，他发现了发酵过程，从而发明了一整套酿酒技术。但也有人说，杜康只是当时的一种酒。

其实，以上这么多神级别的人物多是传说，都是人们美好的想象、感情的寄托。要说起现实中的酒神来，我倒觉得出生于法国汝拉省多尔的伟大微生物学家路易士·巴斯德（Louis Pasteur，1822—1895）是当之无愧的葡萄酒之神。因为要不是他老人家发现酵母菌，发现酵母可以使糖分解成酒精与二氧化碳，以及发现乳酸杆菌和巴氏杀菌法，我们距离喝到甜美的葡萄酒就远不止十万八千里。好了，这顿晚餐到现在也吃完了。是否还合你的口味？你还满意吗？下面我和你一起回忆一下，帮你武装一下，我们就可一起出门装大师啦！

图1-12　路易士·巴斯德

“山寨”大师小总结

葡萄酒最早是在自然条件下自发生成的，人们由于需求有意识地模仿，才有了后期的葡萄酒技术。葡萄酒的发展经历了一个从自然酒到人造酒的过程。

葡萄酒传播途径为：美索不达米亚平原→古埃及→希腊→“旧世界”→“新世界”。

几位重量级人物：

- 古埃及酒神：奥西里斯（Osiris）
- 古希腊酒神：狄俄尼索斯（Dionysus）
- 古罗马酒神：巴克斯（Bacchus）

中国的“酒神”：仪狄和杜康

葡萄酒之父：路易士·巴斯德（Louis Pasteur，1822—1895）

1.2 历史上的那些事

前面已经把那些复杂得让人头大的历史给剪断了，理清了。也许你感觉这也没有想象中那么复杂，不至于头大嘛。其实事情就是这样，在我们不了解之前，总是感觉很困难，很难以接受，因为我们对它陌生，它也对我们陌生。可是如果我们试着去接触它，就会突然发现原来有这么多有趣的东西。而随着越来越多的发现，我们会越来越清楚，越来越专业，距离我们这本书的终极目标——“山寨大师”也会越来越近了。这一节，我就带领大家一起回味历史上葡萄酒的那些事，目的也是让大家在掌握知识之余，增添一些对它的兴趣。

1.2.1 诺亚醉酒

说起诺亚醉酒，首先交代一下人物。关于诺亚，大家应该多少知道，他是希伯来（犹太人）民族《圣经·旧约·创世纪》中的人物，是夏娃、亚当子孙中的一个，而且是一心向善、信奉上帝、愿意感化和影响周围人的那么一个。正因为如此，在上帝感觉世上到处充斥着邪恶和贪婪，决定发场大洪水把他所创造的一切从地球上都消灭掉的时候，想到了他。据说，当时上帝很不忍心就这么全毁掉，所以就赋予了诺亚神的使命，搞个诺亚方舟，带上老婆、孩子和以后生存必需的东西。等洪水过后，新一代的人和动物能够悔过自新，从而建立一个理想的世界。就这样，有了我们耳熟能详的诺亚方舟的故事。

话说当年洪水过后，世界一片清新，到处充满着生机和希望。就这样，诺亚在一个适合葡萄生长的地方建造了葡萄园，随后就酿出了葡萄酒。故事来了，说有那么一天，诺亚工作累了，又喝了点自己酿的酒，就想找个地方休息，最后他在园子帐篷里倒头就睡。问题的关键是，睡觉前，他把自己脱了个精光。正睡着，他的二儿子经过，就看到了。看到父亲这种样子委实不雅，就告诉了另外两个兄弟，大家商量怎么办。结果，人家老大和老小很是懂事，就很礼貌地拿长袍去给父亲盖上，而且整个过程都是背身不看的。老爹醒了，感觉甚是没有面子，就发怒并诅咒二儿子

图1-13　诺亚醉酒的故事

一族子子孙孙给老小做奴隶。

至于这个故事说明了什么，我们自己可以考虑一下。有的说，这是酒后无德，而且酒后无德看来不只我们普通人这样，连这么有威望、一心向善的诺亚都能犯下这样的错误。还有的说，二儿子是给人定罪，而老大和老三却是遮掩，包容别人犯错。这个故事教导我们要包容别人的过错，要好好地生活。不管怎样，我们今天说诺亚，主要还是为了能让大家在学习之余轻松愉悦一下。

1.2.2　仪狄造酒

据《世本》《吕氏春秋》《战国策》等先秦典籍记载，仪狄是夏禹时代司掌造酒的官员，相传是我国最早的酿酒人。是的，仪狄就是当时大禹身边负责饮食的这么个官员。至于大禹三过家门而不入，忙着治水、治国我们自不必说，被歌颂过多少次。

故事就发生在大禹治水之后。话说大禹治水之后，被封为夏伯，随后得到皇位，但随之而来的是国事缠身，工作压力巨大。每天想的是天下百姓，思考的是如何防范洪水泛滥的事。所以，吃也吃不好，睡也睡不踏实，身体更是一天天消瘦。禹的女儿看到这样的情形，就让负责禹饮食的仪狄想想办法。

于是，仪狄就想去深山采猎一些稀有的东西，让大禹开开胃口。神奇的故事发生了，在打猎的途中，他发现一只小猴子在喝一潭发酵的汁液，原来这是桃子流出来的汁液。喝完以后，小猴子满面春光，脸上还洋溢着满足的神韵，随后就醉倒了。仪狄看到这个情景，也凑近尝了尝，结果全身热呼呼的很是舒服，筋骨也都活络起来了。他大为震惊，心想：原来这东西可以暂时让人忘记所有烦恼，而且还可以让你睡得踏踏实实，这不就是我一直要找的神仙之水嘛！用这个给夏伯喝，应该可以解决他的问题。（这里也暗示了酒最早是自然的产物。）

就这样，仪狄把剩下的神仙之水带了回去。有一天，夏伯正在为百姓的事烦恼，吃不下，睡不着。这时，仪狄赶紧把带回的神仙之水送给大禹喝。果不出所料，大禹喝后精力倍增、胃口大开，于是重振精神，带领人民一起迎战共工（洪水之神）。

受到大禹王的鼓励，仪狄便开始考虑自己酿造这种神仙之水。于是他每日每夜钻研、实验。功夫不负有心人，仪狄成功了，成了中国最早酿造酒的人。

后来，大禹战胜了共工，在庆功宴上，仪狄让各位功臣品尝了他的美酒。作为赏赐，大禹也把女儿嫁给了他。至此，事业稳定，顺带抱得美人归，圆满的结局。

图1–14　盛酒器和酿酒场景

1.2.3 那些酒

（a）

“那片笑声让我想起我的那些花儿
在我生命每个角落静静为我开着
我曾以为我会永远守在她身旁
今天我们已经离去在人海茫茫
她们都老了吧她们在哪里呀
幸运的是我曾陪她们开放
啦啦啦啦啦啦啦啦啦啦啦，想她
啦啦啦啦啦啦啦啦
她还在开吗
啦啦啦啦啦啦啦啦啦啦啦，去呀
她们已经被风吹走散落在天涯”

(b)

图1-15 那些花儿

写着写着突然想起朴树的《那些花儿》，“有些故事还没讲完，那就算了吧……”其实要讲的故事还有好多。比如东汉末年，孟达之父孟他曾用相当于现在26瓶750ml的葡萄酒买得凉州刺史一职。相比而言，现在的拉菲恐怕也要逊色很多吧。再比如，法国的古老传教士为了酿酒曾经亲口品尝种葡萄的土壤。这也许就是为什么现在法国如此强调“terroir”（风土）的最初原因吧。

这些故事永远都在这里，可是我们自己的故事呢？你还能记起吗？会不会因为这样或那样的原因，从来没去碰触，或者不敢碰触。陪伴我们的那些花儿，那个她呢？她现在还好吗？你的那些心情是否也被风吹走，散落在天涯了？

那些花儿带我飘到了那个夏天。那是个天很蓝、云很白的夏天。记得，那是刚进大学后无数次会议中最普通不过的一次会议，会议内容不记得了，只是记得同样的千篇一律。而且天空好像刚刚下过雨，闷闷的，让人不想说一句话，更别说那么多人坐在同一个礼堂里。我当时一直在思考：呼出的二氧化碳会不会太多，氧气不够我们这么些人吸入。于是拼命地呼吸、呼吸，生怕吸少了会喘不过气来。

“你这样不累吗？好像氧气不够一样……”

就这样，我认识了她，我的那个她……

你想起来了吗？想起你的“曾经”来了吗？是否记得，你也曾想要永远守护在她身旁。你是否记得第一次喝酒是和谁一块？第一次喝葡萄酒时的她还在吗？还记得当时喝的酒是哪瓶吗？总是很有意思：有些事情你明明不想忘记，可是啦啦啦啦，就那样忘记了；而有些事情，你很想忘记，却怎么啦啦，也还像昨天发生的一样。

“一串葡萄是美丽、静止与纯洁的，但它只是水果而已；一旦压榨后，它就变成了一种动物，因为它变成酒以后，就有了动物的生命。”这是美国作家威廉·杨格说的，也是我很受用的一句话。每瓶酒确实都像一个活生生的生命，每瓶酒都有着属于你、属于我或属于他的故事。它们在世界的各个角落等着你、等着我、等着他来开启，开启一段属于我们自己的旅程。至于结果，可能不会像神话、传说那样被传诵，但是我们有幸与它相遇，和它一块分享那独一无二的心情，难道还不够吗？

知足在心，乐在酒中。

图1-16　知足在心，乐在酒中

1.3 葡萄酒来了

“葡萄酒来了，生活就来了；葡萄酒来了，爱也就来了。”这是一句法国的古谚语。我想这是对葡萄酒最质朴却又最奢华的描述。为什么这么说呢？因为葡萄酒本来就是我们生活的调节剂，是让我们生活更加精彩的点缀。没有那么复杂，没有那么不可接近。可是葡萄酒又是有灵性的液体，它来了，伴随着爱也会来的，这或多或少是人们的愿望，却又多了一份我们对它的期待。但愿这美妙的灵物能给我们带来生活，带来世上最美的爱情。

图1-17　葡萄酒生活

1.3.1 葡萄酒的定义

“葡萄酒是什么？”这样的问题一直萦绕着我，我无法给出很好的回答。于是，我就去问我的朋友，看他们怎么说。

“葡萄酒就是用葡萄酿造的酒啊，你傻了吧，和它打了这么些年交道，竟然问这样的问题。”朋友甲如是说。

“依我看，葡萄酒是我的伴侣，我可以没有其他的一切爱好、一切需求，但你不要拿走我的葡萄酒，它的离去会使我的生活失去色彩。”朋友乙如是说。

“葡萄酒是什么？那你说人是什么？人生又是什么？”一个朋友如是反问我。

我一下子豁然开朗，确实是这样，我们依据的标准不同，对它的定义、描述自然就不同。喜爱它的人，可能会把它当作伴侣；讨厌它的人，可能把它称作恶魔；中立的则会把它看成再普通不过的一个事物。那么，我们就查阅一下权威文献，看看葡萄酒是怎么被认识、被定义的。

根据国际葡萄与葡萄酒组织的规定（OIV，1996），葡萄酒是破碎或未破碎的新鲜葡萄果实或葡萄汁经完全或部分酒精发酵后获得的饮料，其酒精度不能低于8.5%。但是，根据气候、土壤条件、葡萄品种和一些葡萄酒产区特殊的质量因素或传统，在一些特定的地区，葡萄酒的最低总酒精度可低至7.0%。

中国国标GB／T15037-2006规定：葡萄酒是以鲜葡萄或葡萄汁为原料，经全部或部分发酵酿制而成的，酒精度大于或等于7.0%的发酵酒。

中国葡萄酿酒技术规范定义：葡萄酒仅指鲜葡萄或葡萄汁全部或部分发酵而成的饮料酒，所含酒精度不得低于7%（v/v）。

从上面几个权威定义，我们不难看出有一个共性：葡萄酒是只允许用葡萄或葡萄汁为原料酿造的含有酒精的饮料。在这里，我需要给葡萄酒来个证明：它不是用水和葡萄、色素、酒精调配出来的饮料，它是实实在在用葡萄酿造的饮料。所以，请刚入门的朋友千万不要再提出“葡萄酒是不是用水做的”这样的问题。因为，葡萄酒虽然主要成分是水，但是这个

图1-18　葡萄酒酿造

水，不是后期我们人为加入的水，而是葡萄本身含有的水，是自然之水。就像我们吃葡萄一样，我们吃的多数是水，但这水不是我们单独饮用的水，而是葡萄本身含有的水。葡萄酒也是这个样子。为什么在这里和大家啰嗦这么多呢？因为，通过这些我们就不难发现市场上十几元甚至几元葡萄酒的问题了。葡萄多少钱一斤？一瓶酒全是葡萄汁的话要多少钱？先别说酿酒过程中的人力、物力，光说酿酒葡萄，它还比鲜食葡萄珍贵得多。所以，以后碰到这样的酒，就是销售人员吹得再怎么天花乱坠，你也要毫不犹豫地走开。

1.3.2 葡萄酒的演绎

从上面我们不难看出，葡萄酒作为一种最普通的物质，到底是怎么样的。可是这种普通的物质，却又在我们的生活、生命中扮演着很不普通的角色。人们或借它表达自己壮志未酬，或借它表达自己的爱恨情仇，或借它表达思念、相思之情。无论怎样的感情，都离不开它。它就是这样陪伴着一代代的人们走过了那些风风雨雨，因而有了灵气，有了生命，有了感情。它不只是葡萄酒，而是活生生的生命。

当然，说葡萄酒有生命、有灵气，还因为葡萄酒从最初一颗颗葡萄变成最后我们口中美物的整个过程是变化的。葡萄要酿成葡萄酒，它在橡木桶、在酒瓶中都有一个缓慢发酵的过程，是一条慢慢成长、成熟最后衰老的抛物线。当然，你保存的条件也会影响它的成熟，继而影响它的口感，直至影响到你的心情。如果你好好保存，细心呵护，又在恰逢其时开启它，那么它定当带给你最美的享受。有的葡萄酒生命力很是顽强，只要保存好，几十年，甚至上百年，都是可以的。更重要的是，你不同时间品尝它，口感也是不一样的。年少喝它时，它可能正好配合你那种“强说愁”的心情，让你感到原来它才是你的知音；中年喝它时，它也会配合你，让你感觉家庭温馨才是生活的本质；暮年品味葡萄酒时，才惊觉它就是那个和你不离不弃，共度一生，一直走到最后的“人”。

当然，同一瓶酒也会勾起我们那些深处的回忆，忆起那些和我们一起分享它的朋友，你们现在还好吗？

图1-19　葡萄酒的回忆

尘封已久的记忆之门又慢慢打开了，把我带到那个夏天。上次和她在会议上相遇，便不能再把她忘记。原来她叫刘夏，是我们学校的状元，巧合的是和我一个班，都是学葡萄酒的。为什么说“葡萄酒来了，爱就来了”呢？我想这些都是命中注定。因为那个年龄总是相信，一切都是命中注定，总是把那一次次的相遇当作是上天的安排，总是把自己当作前世的梁山伯，把心中的那个她当作为你守候的祝英台。

既然上天都安排了，我又何必让天为难呢？于是我就理所当然地，或者说，厚脸无耻地追求她。因为从师哥那里学到了追求师妹的法宝“胆大，心细，脸皮厚”，所以我就继承了这光荣传统。上课，积极表现；下课，频送殷勤；自习，赶忙占位；休息，打水购物，不带犹豫。就这样，夏天过了，秋天来了，胜利的果实也落到了我的手里。

记得那是中秋，这是第一次在异乡过中秋。这样的一个节日，当然少不了举杯邀明月，我们第一次喝了酒。当时朋友们说的话语都已经随着海风飘远，朋友们稚嫩的脸庞也都模糊，那时的豪言壮语也随着生活被磨灭。只是记着第一次抓螃蟹的我，不小心被夹破了手，血不停地流。记着她那担心的面孔和我那幸灾乐祸的坏笑，好像夹的不是我一样，感觉到的全是开心而不是疼痛。再有便是那放在记忆第一位的“雪花”啤酒和那不

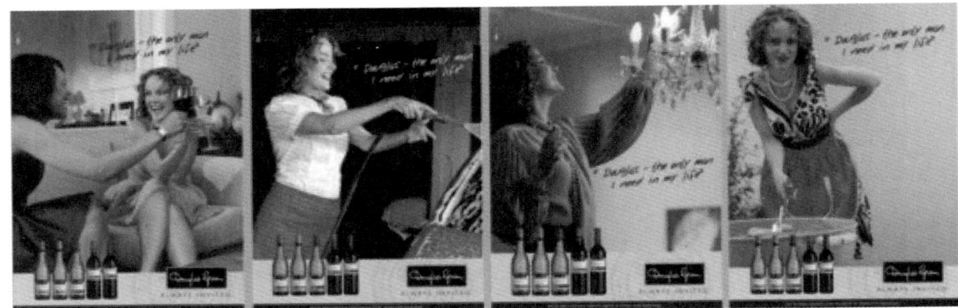

图1-20　让人欣喜的葡萄酒

知名的甜红葡萄酒。想起大家讨论的麦芽含量、酒精度数，自己心中盘算着喝哪个不容易醉。

最后，剩下的记忆就是大家一起闹肚子。现在回想起来，那不知名的“甜红”确实是一个大问题。怎么这也叫葡萄酒？也许这就是大家拿干红兑雪碧，把葡萄酒叫作“色酒”的原因吧。因为我们最初接触的葡萄酒都不是真正意义上的葡萄酒，它们不是真正用葡萄发酵酿造的酒精饮料，多半是用水、酒精、色素、香精勾兑而成。这种先入为主的观念影响了我们不少消费者，对真正的葡萄酒确实是不公平的。

无论怎么样，我们那或美丽或失败的记忆，或成熟或愤青的岁月，是葡萄酒带给我们的，是它默默地为我们搭起了桥梁，让我们一起学习、分享、回忆。因此，我们在这里应该赋予它新的定义：它是我们感情的寄托，是我们与过去、未来的媒介，是连接我们与社会、人生的桥梁。

“山寨”大师小总结：

1. 葡萄酒的本质是用葡萄酿造的酒精饮料，酿造过程中是不加水的。
2. 葡萄酒的新时代意义是人们感情的媒介。
3. 一瓶最差的葡萄酒成本也要在20元左右，这利于我们鉴别真假葡萄酒。

1.4　葡萄酒家族

“葡萄酒就是干红啊？”

“那干白是不是葡萄酒啊？”

“冰酒是葡萄酒吗？”

“白兰地是什么啊？”

“什么是新世界的葡萄酒？”

一连串的问题，乍一听，也是很模糊。这些都是毫不相干的问题，怎么都堆一块了呢？其实，这些问题的关键是分类的标准不同。就好像我们根据年龄可以把人分为老、中、青、少、幼；根据性别又可以分为男、女；根据职业又会有新的分类。所以，葡萄酒也是这样子。我们的标准不同，自然叫法就不同了。只是熟悉的人每次提到的时候，就直接说干红，而不是干性红色葡萄酒。它们的本质是不变的，都是葡萄酒家族里的一员。

1.4.1 按颜色分类

按颜色分类，是我们最常用的一种分类方法。它最直观，也经常和其他分类方法一块运用，因此不要小看它啊。其实我们也发现了，葡萄酒不只有红色的，还有浅黄色的、微绿色的、桃红色的，等等。但是为了方便，我们只分为红葡萄酒、桃红葡萄酒和白葡萄酒。大家就不要再针对白葡萄酒为什么是浅黄色或其他颜色的而纠结了，只要记住就是这么分的就可以了。这些浅色，近乎无色的葡萄酒就叫白葡萄酒。

红葡萄酒

桃红葡萄酒

白葡萄酒

图1-21 葡萄酒按颜色分类

1.4.2 按含糖量分类

接下来我们就说说，经常碰到的“干不干”的问题。为什么叫干红、干白，甜红、甜白呢？是不是就像我们想的那样，干的就是涩的另外一个表达？其实，这是个错觉。“干”不是代表“涩”。我们经常所说的干红、干白，指的是葡萄酒里的含糖量。如果含糖量低于一个水平，我们就称之为“干”。我们喝甜红时之所以不感觉涩，大多是因为甜掩盖了涩的感觉，再者就是一般酿造甜红葡萄酒的葡萄品种本身可能就没有那么涩。

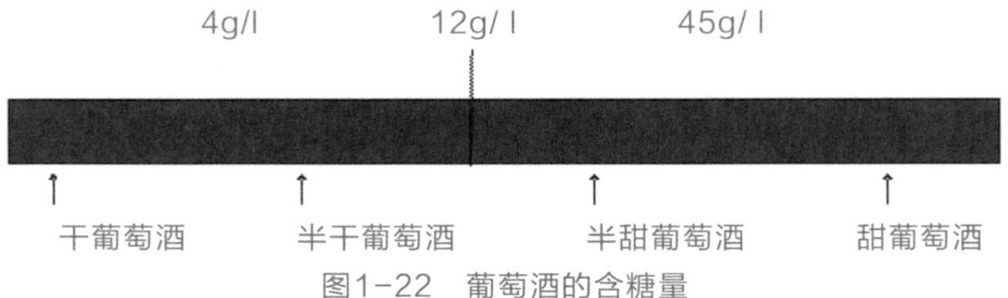

图1-22　葡萄酒的含糖量

结合上图，根据含糖量我们可以将葡萄酒分为：

- 干型酒。含糖（以葡萄糖计）小于或等于4g/L，或者当总糖与总酸（以酒石酸计）的差值小于或等于2g/L且含糖最高为9g/L的葡萄酒。
- 半干型酒。糖大于干酒，最高为12g/L，或者总糖与总酸的差值按干酒方法确定，且含糖最高为18g/L的葡萄酒。
- 半甜型葡萄酒。含糖大于半干酒，且最高为45g/L的葡萄酒。
- 甜型葡萄酒。含糖大于45g/L的葡萄酒。

1.4.3　按气压分类

如果有心的话，你可以看到我们经常说的干红、干白都是两种分类相互使用。下面我们再说一种，就是不经常提到的分类——根据葡萄酒内二氧化碳的压力来分。

静态葡萄酒

起泡葡萄酒

图1-23　葡萄酒按气压分类

- 静态葡萄酒（Still Wine）。葡萄酒在20℃时含有二氧化碳的压力低于0.05MPa时，称为静态葡萄酒。
- 起泡葡萄酒（Sparking Wine）。葡萄酒在20℃时含有二氧化碳的压力等于或大于0.05MPa时，称为起泡葡萄酒。

下面我再提一个按工艺分类的方法，和大家一块探讨。

1.4.4 按工艺分类

开篇中我们提到白兰地，有的朋友可能要问，那白兰地算什么呢？它是不是葡萄酒？

我们仔细想一下，权威是怎么定义葡萄酒的。一对照我们可以看出，白兰地确实是葡萄发酵后得到的酒精度高于7%的饮料。按说也该是葡萄酒，但是细说起来又不是。因为白兰地是先用葡萄发酵酿造成葡萄酒，然后再经过蒸馏得到的，与我们传统说的葡萄酒还是不一样。按工艺葡萄酒可以分为：

- 葡萄蒸馏酒。以葡萄为原料，经过发酵、蒸馏制成的酒。（当然也有以苹果为原料制作白兰地的，叫苹果白兰地。）
- 加强型葡萄酒。通过在发酵的葡萄酒中添加葡萄白兰地、食用蒸馏酒精等提高葡萄酒的酒精度，然后中止发酵，保存了糖分而得到的酒。如波特酒、雪莉酒、马德拉酒。
- 加香葡萄酒。以葡萄酒为酒基，通过浸泡芳香植物（或添加其浸提物）而制成的，酒精度一般在11%～24%的酒。

白兰地

波特酒

波特白酒

图1-24 葡萄酒按工艺分类

我们在这里不再深究白兰地或者其他酒到底算不算葡萄酒。你喜欢把它们称作特种葡萄酒，可以；你把它就叫作白兰地或者波特，那更好。我们就暂且叫它白兰地吧。管它是不是葡萄酒，它终究还是白兰地，这个没人可以怀疑。

“山寨”大师补充：

冰酒、贵腐酒，都是葡萄酒中的一员。也会根据含糖量、颜色来划分，只是因为它们的酿造工艺不同，所以就用能代表它们身份的词语来命名。就好比国家主席，他也是我们普通人中的一员，但是由于其特殊性，我们称呼他为主席。当然，冰酒、贵腐酒没有像主席这样独一无二，但是却也相当稀少，价格也非常昂贵。我们会在以后的章节介绍它们。

1.5　色彩斑斓的葡萄酒生活

这一章节写葡萄酒给我们带来的色彩斑斓的生活。让读过本书的朋友，或者以后想学习葡萄酒的朋友，能够更好地感受到它的魅力，能让更多的人也因为这精彩的生活而喜欢上它。

图1-25　多彩的葡萄酒生活

1.5.1 咆哮体般的wine学习

“咆哮体”这个新时代的词语，是对我们学习葡萄酒的最真实的反映。不是我们“咆哮体”了，确实是“伤不起”啊。下面摘自我一个师妹写的关于葡萄酒专业的学习生活。

看着像端着酒杯品品酒的高雅专业是吧！

都闪着星星眼问我：“那你们不是天天都可以喝酒啦？”

其实品酒课就上过几节啊！

大多数时间都在喝不同浓度酸甜苦咸的水啊！

不同浓度的酒精溶液喝得想吐啊！

上完一节品尝课舌头都麻了啊！

还特别想上厕所啊！

好酒都特别贵啊！

根本就买不起啊！

就喝过那么几种，考试还随便给你一种别的，让你说出品种、产地和年份啊！

还要说出质量问题啊！

氧化了的质量有问题的酒都要喝啊！

…………

黑色浆果和红色浆果味到底有什么区别啊！

为什么酒里能有巧克力和咖啡味啊！

为什么酒里有猫尿味啊！

谁喝过猫尿啊！谁知道什么味啊！

…………

看了上面，你还有热情学习葡萄酒吗？哈哈，这些确实是学习过程的一部分，没写的其实比这还枯燥。葡萄酒这个专业，在国内学多数都是这样子的。你可能说去法国学，法国好。我想说的是，算了吧。一个法语就够你咆哮的，更别说葡萄酒了。有些事情就是这样，一说法国，美啊，浪

图1-26　采收葡萄

漫啊，可是有几个知道法语和我们语言逻辑是多么不一样？一说葡萄酒，美啊，浪漫啊，可是有几个知道学习过程的枯燥和学费的高额？所以在这里还是建议大家把它当作一种爱好，一种朋友之间感情的分享，自己慢慢喝酒，慢慢积累，慢慢学习吧。不是所有的东西都是靠学历、靠证明说话的。管他是不是大师，是不是专家，本质都一样，我们都是葡萄酒爱好者。你说得再对、再准确。对不起，我不喜欢，我只喜欢我的那一款，只有我的那一款能够给我带来愉快的心情，你管我懂不懂，我就是喜欢。我自己就是大师，用得着你评论吗？“山寨”怎么着？我也是喜欢葡萄酒的。

图1-27　葡萄酒发酵罐

图1-27是葡萄酒发酵罐，发酵过程中有个步骤是从上口向葡萄汁内倒入二氧化硫，防止葡萄酒的氧化，国内多数酒厂还都是需要人工加入。你可以想一下，你学习过程中这些活都是你来做的。想学葡萄酒先想想二氧化硫的味道吧，如果再告诉你，是让我们一个台阶一个台阶把二氧化硫提上去，你是不是已经纠结得不想学了啊。

是不是看了之后想不到，这就是我们日后要喝的美妙的葡萄酒。不要小看，只是简单地把一筐筐的葡萄倒入压榨机里面，如果让你一天不停地倒入，敢问你还能觉得轻松吗？更不要说，那随时都可能冒灌和遭天杀的值夜班。

1.5.2 色彩斑斓的wine生活

可能你看了葡萄酒的学习，对葡萄酒没有信心了。哈哈，其实不是的。不要忘了，我们只是爱好，它可是我们的知己，我们的伴侣哦！我们又不是为了成为专家、学者而去喝葡萄酒的。我们只是由衷喜欢罢了，只是在通往“山寨”大师的路上，我喜欢，我享受，我分享。这才是我们的宗旨。其实我们多数朋友是不用去体验上面提到的那些生活，我们要体验的以下生活，才是葡萄酒带给我们的色彩斑斓。

加入一个葡萄酒俱乐部，大家三五成群，定期带上自己喜欢的酒和朋友们一块分享，谈谈酒，谈谈心，谈谈生活，把所有的烦恼都抛掉。我想这才是我们生活的本质。

图1-28　美味葡萄酒

图1-29　葡萄酒俱乐部

葡萄酒是我们最基本的语言，可能你不懂法语，不懂英语，不懂对方的语言，但是我们懂葡萄酒。这就足够了，它会帮我们传递。

当然，葡萄酒还能带领我们去参加那么多以宣传当地国家的葡萄酒为目的的酒会，可以带领我们去品尝那些由它搭配后散发别样风味的美食，可以带领我们去参加各种主题活动的晚会，可以带领我们去认识那来自不同国度的朋友，可以带领我们去品味那历史中的人和事……

图1-30　葡萄酒宣传活动

我们可能不知道这个国家的风俗、历史，但是我们绝对知道它们的葡萄酒，是葡萄酒带领我们去感受各国的风俗、文化。

“山寨大师”小总结：

1. 想学好葡萄酒先学好怎么做一位朴实淳朴的农民吧！

2. 学葡萄酒这么难，这么复杂，我怎么办才能懂葡萄酒？好吧，告诉你，很简单。“开瓶喝吧，同时记得与朋友分享哦。”

第2章　葡萄酒的酿造工艺

有句话叫“知其然，而又知其所以然”，本章就是简单地向大家介绍一下葡萄酒的酿造工艺。虽然，不能指望我们凭借这点酿造工艺知识就去酿造葡萄酒。但是，最起码能够让朋友们了解眼前的葡萄酒，知道它是怎么做成的，它为什么是这样的颜色，为什么有这样的口感？如果有幸能让读过的朋友们喜欢上酿酒师这个职业，又能成为知名的酿酒师，那真是我八辈子积攒的福气了。

2.1　传统的红葡萄酒酿造

早在几千年前，人们便懂得了如何酿造葡萄酒。而随着现代文明的发展和技术的进步，如何酿造一瓶受大众喜欢的葡萄酒已经不是很难的事情了。你可能听过，传统的酿酒师经常被比作“接生婆”，说的就是他们的职责很简单，尽可能地原汁原味地展现一瓶葡萄酒的当地风味而不做更多的人工干涉。而现代酿酒师，更多地会通过酿造技术来迎合现代消费者的口感，让葡萄酒尽快地达到饮用的最佳效果，不需要陈年，不需要等待。这种及时行乐的葡萄酒，又被称作“葡萄酒的可口可乐”。咱们在这里不去比较两类酿酒师哪种更值得我们学习，我们要说的是他们酿酒共同遵循的公式：

葡萄糖 + 酵母菌 → 酒精 + 二氧化碳 + 热量

葡萄糖，来自酿酒葡萄；酵母菌，人工添加，然后在合适的环境下，它们就会自动地将糖转化成酒。知道这个，剩下的就简单了，因为无论什么葡萄酒都是遵循这个规律酿造的。红葡萄酒，我们简单思考，就是红颜色的酒，那么工艺中肯定有特别之处。下面我们就来说一下红葡萄酒的传统酿造方法。

结合红葡萄酒的酿造图，我来一步一步告诉你，红葡萄酒是怎么“炼”成的。

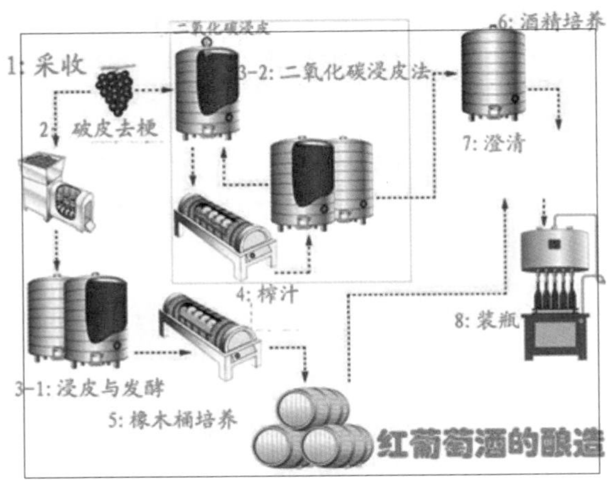

图2-1　红葡萄酒的酿造

（1）采收。我们不难发现，酿红葡萄酒的第一步是，红葡萄酒酿酒葡萄品种成熟，我们进行人工或者机器采收。这里需要重点说明一下，首先我们用的是红葡萄酒酿酒品种。因为酿造红葡萄酒和酿造白葡萄酒用的葡萄品种不一样，口感、颜色都不一样。其次，关于成熟度。这需要根据我们打算酿造成什么口感的葡萄酒来决定。最后，关于采摘。手工采摘肯定更精细一些，机器更加省力、省时一些，当然成本也不一样。这些都是根据所酿酒的最终类型决定的——你是要一款高端的葡萄酒还是一款时下即饮的葡萄酒。

图2-2　工作人员在采收葡萄

（2）除梗破碎。采摘完成熟的葡萄，我们需要用传送带传到除梗破碎机那里。这里也需要给大家解释一下。在用传送带传输的过程中，有工作人员会站在传送带旁边挑拣质量不好的葡萄。当然，现在也有好多酒家为了节约成本，不会挑拣，直接把采摘来的葡萄倒入除梗破碎机里。何谓除梗破碎？除梗，就是把葡萄串的支架去掉，因为这些东西对后期酿造葡萄酒有坏的影响；破碎，就是用机器把除梗后的单粒葡萄打碎。一般来说，除梗和破碎是同一个机器，用按钮控制除梗、破碎。

图2-3　除梗破碎机

图2-4　人工筛选 除梗破碎

（3）浸渍与酒精发酵。从除梗破碎机里面出来的葡萄浆汁就直接打到发酵罐里，进行浸皮与酒精发酵。这个过程中，我们需要添加定量的二氧化硫，防止葡萄浆的氧化。浸渍指的是，在发酵罐里，葡萄浆将自身葡萄皮中的花色素提取出来，同时还提取好多香气物质等。就是这一步的原因，我们的红葡萄才最终酿造成红色。等浸渍完成或者在浸渍过程中，我们要加入活化的酵母菌，然后控制好酵母菌的生长条件，剩下的事情就交给酒精发酵了。

图2-5　酒精发酵罐下面控制系统

图2-6　酒精发酵罐上面葡萄浆、二氧化硫、酵母入口

（4）压榨出渣。酒精发酵结束后，罐内就会出现两部分液体：一是清液，一是残渣中的液体。这时候，我们首先让清液自流出来，存放在另一个罐内储存或进行下一步的培养，这部分的酒体比较细腻，单宁比较优质；剩余部分我们采用压榨的方法，把液体挤出来，剩余的残渣去掉，在挤出的液体内，单宁比较劣质，酒体也比较粗糙。

（5）苹果酸乳酸发酵（简称苹乳发酵）。将酒精发酵结束后得到的两部分酒液，我们根据需要或混合或单独培养。因为这时候的酒液都比较粗糙，比较生硬，而且酸度很高。我们需要将它们放在橡木桶中进行一步很关键的培养：苹果酸乳酸发酵，这个步骤就是让生硬的苹果酸变成更加柔和的乳酸，达到降酸的目的。同时，这个培养过程会让酒更加稳定、柔和，让酒香含有橡木桶带来的味道，和着很多乳酸发酵得到的产物，酒香更加有层次，更加复杂迷人。

（6）装瓶成品。苹果酸乳酸发酵后，陈酿在橡木桶中，此时的酒基本上就是成品酒了。如果有需要，我们可以进行装瓶、贴标、装箱出售。当然在装瓶前，还有冷处理、澄清、杀菌、过滤等操作。或者还有的装瓶后不直接走向市场而是放在瓶内陈酿。

图2-7　酿酒师提取橡木桶内存储的酒液

至此，算是把一个完整的葡萄酒生产过程表达出来了。说实话，写书之前，我感觉最好表达的就是酿造工艺这部分，现在发现完全不是那么回事。因为多数读者都不太了解，而且里面有好多专业词语和化学用语，更增加了表达的困难。除此之外，在表达这个红葡萄酒酿造工艺时，我还发现了其他方面的困难。由于现在酿造工艺都很开放，每一个步骤里面都藏有很多的变数，它不像定义分类那样，总有个标准。现在的工艺，每个酿酒师都有自己的秘密、自己的习惯，因此让我从这方面表达酿造工艺，确实有些困难。不过还好，我的目

图2-8　葡萄酒在橡木桶中陈酿

的就是希望之前不懂的朋友们，通过这一章节能够简单地了解酿酒的整个过程。如果你想进一步学习工艺，可以参考专门的工艺书，或者去各个酒厂学习。

2.2 白葡萄酒的酿造秘密

说起白葡萄酒，你是否知道葡萄也有白色的？就是从生长到成熟始终不会变红的葡萄。如果你知道这个，就不难理解为什么白葡萄酒没有颜色了，因为用于酿造白葡萄酒的葡萄是没有颜色的。当然有心的朋友也看到了，除了个别品种是粉色外，其实葡萄的果肉多数是无色的。如果果肉没有颜色的话，那么是不是可以用不带皮的无色果肉来酿造白葡萄酒呢？答案是肯定的。现在我们就看图说说白葡萄酒的酿造工艺吧。

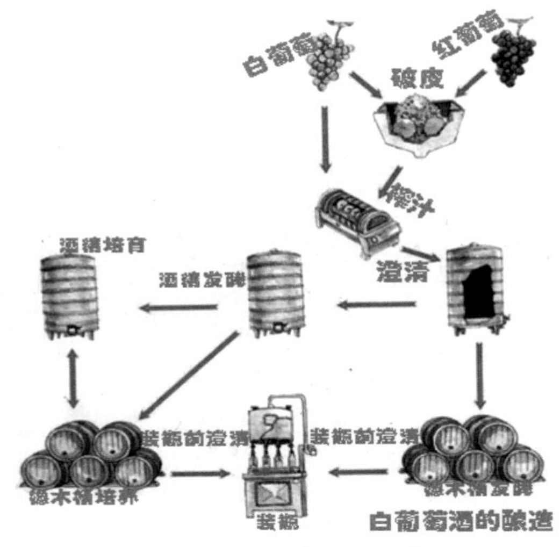

图2-9 白葡萄酒的酿造

（1）采摘。关于白葡萄的采摘，我要说一句。因为白葡萄极容易被氧化，所以采摘过程要尽量保持颗粒的完整。当然，酿造白葡萄酒也可以用特殊的红葡萄品种，例如玫瑰香、龙眼等。

（2）压榨。采摘后的葡萄要以最短时间送入压榨机进行压榨，避免在空气中氧化。一般葡萄采摘后会被整串地放入气囊压榨机内压榨，但是这

图2-10 人工采摘葡萄

样对气囊压榨机的伤害很大。所以，有的酿酒师也会在除梗破碎后再将葡萄放入气囊压榨机。这里，需要和读者说明一点，不要担心葡萄皮的颜色会染红白葡萄酒，一般红葡萄都是要浸渍才能把颜色提取出来的。就算多少带些红色，在后期活性碳的处理下，也会解决的。

图2-11 白葡萄

（3）澄清。在白葡萄酒的酿造过程中，要对压榨汁进行澄清处理。根据要求、条件，可以选择用传统的沉淀法处理，也可以采用离心机进行澄清处理。

（4）酒精发酵。剩下的事情就和干红差不多了——进行酒精发酵。但是大家注意，这里进行发酵的溶液是经过压榨机后的不带皮的酒浆，所以不会有颜色出现。如果带皮的话，会把皮中的单宁等物质带入酒液中，而白葡萄酒一般不含单宁。不过在单一白葡萄品种酿造中，为了得到更多的芳香物质，也采用带皮冷浸渍方法发酵。关于酒精发酵的场所，我们可以选择在不锈钢设备中进行，也可以采用橡木桶酒精发酵，两者特点各有不同。

图2-12　干白不锈钢酿造设备

图2-13　干白在不锈钢桶中陈酿

图2-14　橡木桶陈酿

（5）陈酿。白葡萄酒一般追求的是新鲜感、清爽感，酸度高点。所以我们会根据自己的需求，选择是否进行橡木陈酿和苹果酸乳酸发酵。多数普通的白葡萄酒都不进行橡木陈酿或者苹果酸乳酸发酵，而只是将酒精发酵完成的葡萄酒倒入不锈钢酒罐内储存陈酿。当然好多上等的干白，由于结构强劲、骨架结实，也会选择进行橡木陈酿和苹果酸乳酸发酵。

（6）装瓶成品。装瓶前进行的冷处理、澄清、杀菌、过滤都是必要的操作。最后贴上标签，装箱，运出酒厂走向世界各地。至此，一瓶白葡萄酒也成功地呈现在我们面前了。

图2-15　自动装瓶生产线

图2-16　成品葡萄酒

2.3 桃红葡萄酒so easy

我们已经知道红葡萄酒和白葡萄酒的酿造，但你是否忘记那色彩最惹人喜爱的桃红葡萄酒了呢？它是怎么酿造出来的？难道有这么一类葡萄是桃红色的，用它们酿造出来的酒就是桃红酒了？这回，你猜得有点偏差哦。其实如果你懂得了前面的红白葡萄酒酿造工艺，再酿桃红葡萄酒就so easy啦。下面就让我来告诉你一般怎么酿造桃红酒吧！

2.3.1 类红葡萄酒酿造法

桃红也是红嘛，如果单从这方面看，我们已经有点思路了。既然葡萄酒的颜色是发酵过程中通过浸渍提取出来的，那么我们是否可以控制浸渍的时间、强度，从而得到颜色浅点的桃红酒呢？这就是桃红酒师酿造的秘密。一般在酿造红葡萄酒时，在浸渍几个小时后、酒精发酵开始前，分离出20%～25%的葡萄汁，然后采用白葡萄酒酿造的工艺就可以得到桃红葡萄酒了。在剩余的75%～80%的葡萄汁中再添加新的葡萄汁，可继续进行红葡萄酒的发酵。不过很显然，这种方法的缺点就是桃红葡萄酒产量很小，反而酿造的红葡萄酒浓度会更深。当然也可以在发酵开始后，6～48小时后根据所需要葡萄酒颜色的深浅度将葡萄汁100%排出，继而将排出的葡萄汁在一个比较低的温度下继续进行发酵，以得到大量桃红葡萄酒。

图2-17　桃红色葡萄园

2.3.2 师从白酒酿造法（压榨法）

还记得我们在讲述白葡萄酒酿造的时候提过，如果葡萄有颜色，在压榨的时候会带入少量的颜色。我们当时说用活性碳处理一下，把颜色搞掉。这回好了，现在需要的是颜色。所以我们可以选择一些葡萄色素含量高的，用酿白葡萄酒的方法进行发酵，只是少了用活性碳去除颜色这一步。

图2-18　后期冷处理用的冷冻机

图2-19　后期处理膜过滤机

2.3.3 红白合璧酿造法

你在参加朋友聚会时是否遇到这样的状况：开始一直在喝红葡萄酒，突然有位朋友大老远地带来一瓶白葡萄酒，要大家一块喝。又没有多余的杯子，怎么办？洗一下红酒杯？我想还是先来杯“桃红”方便些。桃红？对啊，把干白倒入刚喝过干红的杯子里，桃红就出来啦。

图2-20　机器装瓶生产线

其实这就是桃红酿造方法的原型，将少量的红葡萄酒添加到白葡萄酒中之后就可以调出桃红葡萄酒。一些廉价且果香浓郁的新世界桃红葡萄酒常用这种方法酿造。

"山寨"大师小总结：

1. 红酒法酿造桃红：

原料接收—除梗破碎—浸渍6～48小时—排出比例葡萄汁—发酵—（苹乳发酵）—后期处理—装瓶

2. 白酒法酿造桃红：

原料接收—破碎—压榨—发酵—（苹乳发酵）—后期处理—装瓶

3. 红白结合法：

酿造的红葡萄酒、酿造的白葡萄酒—按比例混合—桃红葡萄酒

2.4 薄若莱新酒来啦

十一月，你会找什么样的理由去狂欢呢？难道还只是等着光棍节大家一起去"脱光"吗？如果你只知道十一月有个光棍节，那你可真是"OUT"了。我们葡萄酒爱好者会在每年十一月的第三个星期四欢聚一堂，一起Happy。不为别的，只为薄若莱新酒的到来。

图2-21 薄若莱新酒到了

2.4.1 你我约定

"Le Beaujolais Nest Arrive! "——"薄若莱新酒来了！"在全世界葡萄酒爱好者守候的那一天，我们可以随处听到大家在欢呼着它的到来。大家都迫切地希望自己能够拔得头筹，率先尝到当年的新酒，博一个好的兆头。

到底这个薄若莱新酒是何方神圣，引得这么多朋友为它痴狂？原来，薄若莱是法国著名葡萄酒产区勃艮第中的一个小产区。当地的酒庄用一种叫佳美（Gamey）的葡萄品种酿造葡萄酒。他们一般九月份采摘，然后运用特殊的二氧化碳浸渍法酿造，因为出来的酒汁很少进行后期处理，不进行橡木桶陈酿，所以果香浓郁、花香扑鼻、单宁细腻，而且新鲜、纯净，完全是一种原汁原味的自然香。当然这样的酒越新鲜越好，大家都等着尝

最新鲜的酒液。但是法国政府为了保证这种酒的质量，除了规定必须用当年的佳美葡萄来酿造外，还要求酒厂必须等到十一月第三个星期四才能装瓶出售。就这样，我们就把这一天定为薄若莱新酒节。这天，世界各地的朋友们三五成群都约定在酒吧里，等待着新酒的到来。

图2-22　薄若莱新酒的漂亮酒标

在如今快餐文化受宠、物质至上的时代，有这样的约定实属难能可贵。当然我们在这里不去探讨法国酒商是否在炒作，一个新酒都能搞个节日来。我们只是保留着这份约定，一年中有这么一天，大家一块聚聚也很好嘛。试问除了我们共同的约定，你还记得怎样的约定?

我是个念旧的人，总是在缅怀过去，想念着曾经。不喜欢我的人说我这样很可笑，实在幼稚。可是，这确实就是我的追求，我最宝贵的东西。我不会去解释，也不去试图让她明白，因为不喜欢你的人，你再怎么解释，她也不会用心去倾听，也不会喜欢上你。可是我要说的，我们的约定难道就可以随便忘记吗?

“刘夏，刘夏快出来啊……”我的思绪又回到了那个美好的年代，那个美好的约定。

“刘夏，刘夏……”我一遍又一遍肆无忌惮地在女生宿舍楼下喊着。陆续露出几个脑袋，或投来好奇的目光，或瞥过讨厌的目光。我不在乎，我当时的想法真是有种“我是流氓我怕谁”的劲儿。

“又来叫你家小娘子啦！”这回露出一个我认识的脑袋。那是我的一个老乡，叫小华。

“呵呵，我打她电话没人接。”我有点不好意思地说道。其实我想，这么近，我叫就省去那几毛钱呢。刘夏在307房，三楼很低的，完全能够听到。几毛钱不是钱吗！

大约10分钟过去了，307房间窗帘缓缓拉开。露出我可爱的小公主的脑袋。还没有看清脸蛋，就先听到笑声了。“你要找死啊？人家在洗头，你就不能老实点？”

“快下来，我有好事，找你玩。”我们就在楼上、楼下喊了起来。现在想想，当时的勇气足以匹配利比亚的卡扎菲上校。就是再来几次欧美联军，我也要抵抗到底。

“大晚上的，你又抽风啊？”当时已经是晚上9点钟，我们宿舍11点钟关门。

“不行，你快下来，你不下来我不走，快点！”

“我就不下来，你自己在那里待着吧！”她倔脾气上来了，哗啦一下，把窗子关上了，窗帘也随即拉死了。

突然吃了闭门羹，这种滋味我怎么能够受得了？于是，我就有了一种死猪不怕开水烫的精神，反正也是让大家讨厌了。就继续下去吧，我在楼下又喊了起来。

“刘夏，刘夏……”

图2-23　佳美

大约又过了十几分钟，我也喊累了，看还是没有动静，当时的心情到了低谷。我想，怎么着也要想办法把她叫下来。年轻的时候我是个偏执狂，对自己偏执的事情总是不做成不罢休。我会为了玩一个《三国群英传2》的单机游戏，两天不睡觉、不上课，只是吃饭、喝水、玩游戏。当然也会偏执得几天把一门感兴趣的课程看完，然后把教程安排的课都逃掉。当我正在思索怎么办时，突然有人从后面捶了我一下。

“你还让我活不？这么叫个不停。”

不是别人，正是我的小公主。不经意间，她的头发已经长长了，刚洗完的头发散落在肩上。秋天晚上有些冷，可是她穿了一条浅灰色棉布运动裤，上身穿一件大大的白T恤，外面有个粉色的小夹袄。脚下是她过生日时，我送她的帆布鞋。她说话时，周围的气味除了潘婷洗发水的味道，便不知是哪种沐浴露和她的身体发生化学反应的味道。

我站在她面前，被自己身边这个每天和我打闹的小公主惊呆了，忘记了该说什么，只是带她去我设计好的地方。

“你要带我去哪里啊？大晚上的，别走远了，我们回不来了啊。”

“快到了，我带你去看月亮啊。”

“有病了吧，又抽风，在这里就可以看到啊。不过今天月亮还真是亮呢。”

幸好，今晚我穿的还比较厚，我把外套脱掉，放在湖边，我们坐在上面。然后我把事先藏好的葡萄酒和酒杯拿出来。

“哈哈，今天是薄若莱新酒节。你不知道了吧？我今天下午买的新酒，和你一块分享。”

“哇哇……真有你的，哈哈，你太好了。对了，你哪来的钱？”

“先喝吧，是用我前段时间的稿费买的。本打算圣诞节花呢，今天提前消费啦，圣诞节花你的，不送你礼物啦。”

“你别想赖皮，先把酒打开喝喝再说。”

我们就这样喝着新酒，看着月亮，说着那少年不知愁滋味的话。

“韩涛，我们来个约定吧？”刘夏叫我，一脸正色地说。

“好啊，我们还用什么约定吗？”我一脸无所谓地品着手里的酒说。

“我们约定每个月的这一天，农历十六，月亮最圆的时候，想对方一次。无论我们以后怎么样，我们永远都是最好的朋友，永远不要成为彼此相恨的人。我是假设，万一有那么一天……”

“没良心的，扯什么啊，我还计划着毕业后把你娶回家呢，我要一辈子待你好，永远对你好。不用约定，我也对你好。”我一口气反驳着。那时候的自己总是轻易地说出一辈子，认为爱情会一辈子不变化。

“我知道你对我好，可是我不相信有永远，你就听我一次吧，我们来约定好嘛，求求你啦。”

“呃，我不想来这么个破约定，我可以每天都想你啊，不用非要那一天想你，也永远不会恨你啊，我爱还爱不完呢……”

图2-24　一家酒庄的薄若莱新酒

话还没有说完，她的嘴唇已经亲到我脸上了。这回倒是很突然，因为我们虽然是男女朋友，可是我们都还是蛮老实的，我总共亲过她两次，还是偷偷的。这下她主动亲我还是第一次，倒是我不知道怎么办才好了。

“你就听我一次吧？”

“嗯，我听你的，我们约定：无论以后怎么样，我们都是最好的朋友，不会伤害彼此。”我近距离的看着她，然后在月亮的照耀下顺势把她搂进我的怀里……

2.4.2　二氧化碳浸渍法

现在我们可以返回去讲一讲二氧化碳浸渍法。因为二氧化碳浸渍法酿造出的葡萄酒，颜色鲜明，果香、花香俱全，又新鲜可口，所以经常用来酿造薄若莱新酒，或者酿造成红酒，然后添加到白酒中去调配桃红葡萄酒。那么，二氧化碳浸渍法和常规的浸渍发酵有什么区别呢？

首先，二氧化碳浸渍法，是将葡萄不除梗破碎直接放入充满二氧化碳的发酵罐内。

然后，葡萄的细胞自己在无氧环境下进行厌氧代谢，即在葡萄浆果酶系统作用下发生“细胞内发酵”以及其他物质的转化，并进行单宁及色素的提取。

最后，因为葡萄自身的重量，所以罐内葡萄在储存期间都已经被压破，而葡萄自身的酵母菌开始自发发酵，在罐中储存数天后，再对葡萄进行压榨出汁，接着进行酒精发酵。发酵完成后，再对其进行乳酸发酵。以此方法酿成的酒，口感复杂、细腻、新鲜。

补充

有的酒厂也会人工地添加一部分已经发酵的酒液到罐内，一是为了启动罐内葡萄的酒精发酵，二是在发酵过程中产生的二氧化碳也有助于无氧的环境。

剩余的就与其他葡萄酒的发酵没什么区别了。至此，薄若莱新酒诞生了。这种方法可不是只用于酿造新酒哦，还可以酿造其他口味的葡萄酒。

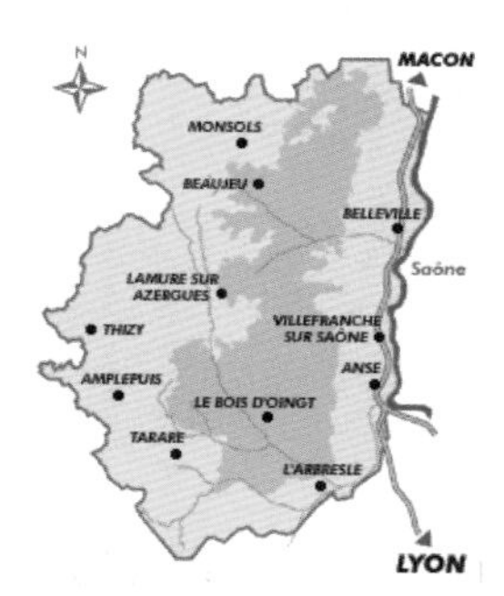

薄若莱新酒酒标

佳美酿酒葡萄

薄若莱产区

图2-25　薄若莱

2.5　起泡葡萄酒的舞蹈

前面我已经将经常碰到的各种葡萄酒的酿造工艺和大家简单分享了一下。可是你是否记得，在葡萄酒家族中，还有这么一家在我们聚会时总少不了。我们叫它葡萄酒家族的舞蹈大师，因为它不像我们前面说的葡萄酒那样是静止不动的，它是在跳跃的。是在跳华尔兹，还是在跳拉丁？

2.5.1 起泡葡萄酒的分类

我们在讲葡萄酒按气压分类时提到，根据瓶内气压不同，葡萄酒分为静态葡萄酒和起泡葡萄酒。而根据瓶内气压的大小和来源，又可以把起泡酒做如下分类：

- 低起泡葡萄酒。当瓶内二氧化碳源于葡萄自然发酵，而且20℃瓶内二氧化碳压力在0.05MPa～0.25MPa时。
- 高起泡葡萄酒。当瓶内二氧化碳源于葡萄自然发酵，且20℃瓶内二氧化碳压力在大于等于0.35MPa时。
- 加气起泡葡萄酒。瓶内二氧化碳是人工加入的时。

根据起泡葡萄酒内的含糖量，起泡酒又分为：

- 天然酒。含糖量≤12g/L。
- 绝干酒。12g/L≤含糖量≤17g/L。
- 干酒。17g/L≤含糖量≤32g/L。
- 半干酒。32g/L≤含糖量≤50g/L。
- 甜酒。含糖量≥50g/L。

（a）低起泡

（b）高起泡

图2-26　起泡葡萄酒

2.5.2 起泡葡萄酒的酿造

说起起泡葡萄酒的特殊的地方，我们首先想到的当然是起泡的泡泡。同样是葡萄发酵，又是同样的设备，怎么起泡葡萄酒就有泡泡呢？难道是像加气饮料一样，人工添加的二氧化碳？其实人工添加二氧化碳只是起泡葡萄酒的一种，而且一般都是比较低端的品种。我们下面讨论的是怎么让葡萄自身发酵产生足量的二氧化碳，在开瓶的时候能看到泡泡在跳跃，等倒入杯中时又能够欣赏到它们在舞蹈。

（1）采摘。常用黑皮诺、莎当妮、灰皮诺、白皮诺等葡萄品种来酿造起泡酒。

（2）榨汁。为避免葡萄汁氧化及释出葡萄的颜色，一般采用整串葡萄压榨。

（3）发酵。起泡葡萄酒和白葡萄酒一样比较轻柔、清爽，而且为得到果香、花香浓郁的产品，一般采用低温缓慢发酵。

（4）后期处理。比如去除发酵过程中的沉淀、冷处理、（苹乳发酵）、过滤等操作，得到第一次发酵溶液。

（5）调配。一般酿酒师在得到第一次发酵溶液后，会根据本次产品的口感进行不同酒液的调配勾兑。

（6）二次发酵。向刚刚调配好的第一次发酵酒液内继续添加相应比例的糖和酵母菌，让它们在封闭的发酵罐内进行二次发酵。

（7）后期处理。进行去除发酵杂质、无菌过滤、冷处理等操作。

（8）装瓶销售。与其他静态葡萄酒不同，起泡酒需要等气压装瓶。一般用惰性气体将瓶内空气除去，装瓶后同样用惰性气体填充瓶颈部的空隙。

通过和静态葡萄酒比较，不难发现，气泡葡萄酒之所以有那优美的跳

图2-27　气泡酒

图2-28　空中鸟瞰香槟产区的葡萄园

跃气泡是因为进行了二次发酵，而在二次发酵过程中产生了我们需要的二氧化碳。我们根据二次发酵的方式，又从气泡葡萄酒中选出了更加优美的气泡酒，比如香槟、CAVA。

2.6　香槟那点小事

“香槟”这个词，我们应该比起泡酒更加熟悉。记得小时候，我们小城镇里就有卖，几块钱一瓶，外表像啤酒，但是包装上有个大美女，赫然写着俩字“香槟”。这是我对“香槟”的最初印象。香槟是受原产地命名保护的，它是法国香槟产区中的起泡酒。既然香槟酒是香槟产区的起泡酒，那么它到底和起泡酒有什么区别呢？

2.6.1　香槟工艺

现在我们就从工艺上说说，香槟酒和普通的起泡酒有什么不同。难道只是产地不同吗？为什么其他地方的起泡酒不能叫作香槟呢？

我们知道，起泡酒之所以起泡是后期的二次发酵过程。而一般起泡酒的二次发酵都是在发酵罐内发生的，可是香槟酒的二次发酵却是在瓶内发生的。这点不同造就了经典的香槟酿造法，当然现在都叫作传统酿造法。

图2-29　香槟瓶中陈酿

除了发酵场所不同，在香槟酿造过程中还有一步不同——摇瓶。因为是在香槟瓶中进行的二次发酵，所以发酵后就会在瓶底产生一些死酵母等杂质。怎么去除？这就有了“摇瓶”这一步。先把装有等待二次发酵酒液的酒瓶倒立地插在酒架上，让酒液在瓶内发酵。这期间，摇瓶工人每天旋转酒瓶一定的圈数（一般为1/8圈），同时提高酒瓶角度，这样随着摇瓶、发酵，发酵后的杂质都会沉淀在瓶口。发酵完成后，我们需要将瓶口放入-30℃的盐水中，让杂质结成冰块，然后开瓶时利用里面的气压将杂质慢慢顶出来。因为这个过程会浪费一些酒液，所以后期需要添加一些，同时还要根据酿造需要添加糖，比如酿造半干、半甜或者甜酒等。剩下的就和普通起泡酒的酿造程序一样了，装瓶销售。

图2-30　珍贵的香槟基本都采用人工摇瓶

我们可以发现，这样的酿造方法比普通的起泡酒酿造更复杂，但是这样酿造出的起泡酒，起泡更加持久、细腻，口感更加美妙。所以香槟产区提前申请命名保护，只有香槟产区运用这样的方法酿造的起泡酒才能叫作香槟，其他地区的则不允许。当然，其他国家和地区也会运用这样的方法酿造起泡酒，比如西班牙的CAVA和意大利等国许多好的起泡酒都是用这种传统的酿造法酿造的，口感没的说，价格当然也贵得多。

2.6.2 香槟之父

如果有人问你，香槟之父是谁？可能多数人会毫不犹豫地说“唐·培里侬（Dom Pérignon）”。可是如果有人提到“唐·培里侬”，我们就很难回答它是一个人、一个名字，还是一款佳酿，或者是代表了一段传奇、一种传承的品质。

唐·培里侬，首先是法国香槟地区的一个修士。虽然不是他发明了香槟（最早的起泡酒都是当时酿造过程中的失败之作，而不是有意酿造），但是他却是第一个自发地、有意识地酿造改良香槟。他从小便对葡萄酒敏感，有很高的天赋，酿酒生涯长达50年之久，为后期发明和改进香槟酿造方法做出了巨大贡献，所以我们称他为“香槟之父”。他初期酿造葡萄酒的时候，也是像所有酿酒师一样设法去掉发酵酒液中的起泡。可是，除气泡没有成功，他却在1688年酿出了第一支香槟酒。他试饮时，不禁大呼“I am dreaking stars”，从此便爱上了香槟，并投入大量时间研究香槟的酿造工艺。

在这里总结一下唐·培里侬的贡献。首先，他改进了白葡萄酒的颜色变化问题；其次，他充分发挥当地葡萄的优点，创造了用黑皮诺和莎当妮搭配酿造香槟的方法；再次，他还发现可以用红葡萄酿造白葡萄酒；最后也是最重要的，就是他改进了香槟封口，用橡木塞取代了麻布塞。

当然，唐·培里侬作为一瓶佳酿，也在一步一步地续写着自己的传奇：法国路易十四时期，它便经常出入国王的舞会、宴会场所，成为新时代快乐主义的代名词；在1694年，以创记录的价格——950旧法国货币成交30～40升的香槟（这个价格是当时红葡萄酒的5倍）；到18世纪，唐·培里依已经成为正式宴会和社交场所的必备酒品。在1961年，以唐·培里依命名的年份香槟成为美国总统肯尼迪访问法国时，法国接待肯尼迪的指定用酒；如今，唐·培里依已经渗透到社会各层，不同阶层的人士都能品尝到它那华丽和独特风格的时尚味道。事实上，三百年里，唐·培里依总是本着创立人所定的宗旨——酿造“绝世佳酿”，从未变过。

om Pérignon2000年份香槟

唐·培里依Dom Pérignon桃红香槟

图2-31　香槟酒

“山寨大师”小总结

1. 传统酿造法：采摘—榨汁—发酵—后期处理—调配—瓶内二次发酵—摇瓶陈酿—除渣—调配—后期处理—装瓶。

2. 法国香槟、西班牙的CAVA、意大利等国比较好的起泡酒都用这种传统的方法酿造。

第3章　葡萄酒之友

“工欲善其事，必先利其器”，要想能够完美地品尝一款葡萄酒，需要我们做好许多准备工作。无论是知识储备，还是提高味觉，甚至是和葡萄酒息息相关但平时并不起眼的酒杯、酒刀等都需要准备完好。只有万事俱备，才能在那东风刮起时，将美酒挂在我们的心上。

3.1　开瓶器五花八门

说到葡萄酒的利器，首先想到的便是那五花八门的开瓶器。这一节我就带着大家会会它们，等以后再碰到的时候，记得它们是葡萄酒最好的朋友。

3.1.1　五花八门的开瓶器

侍酒之友　这是我们最常见到的开瓶器。它无论从外形还是实用性上都是我们开启葡萄酒的首选，简单方便。

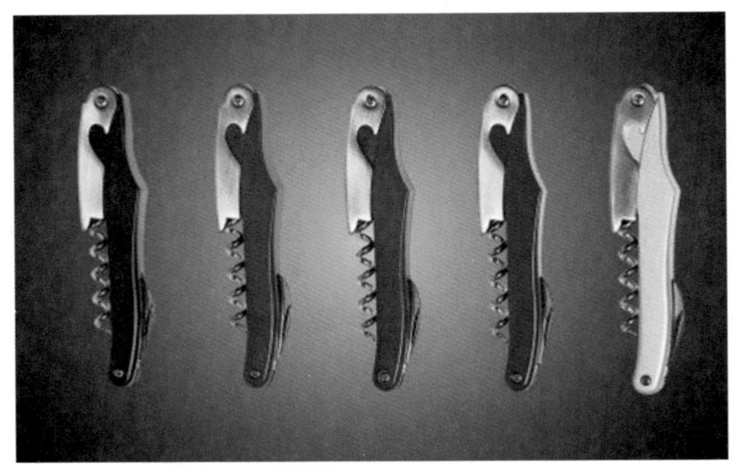

图3-1　不同颜色的侍酒之友开瓶器

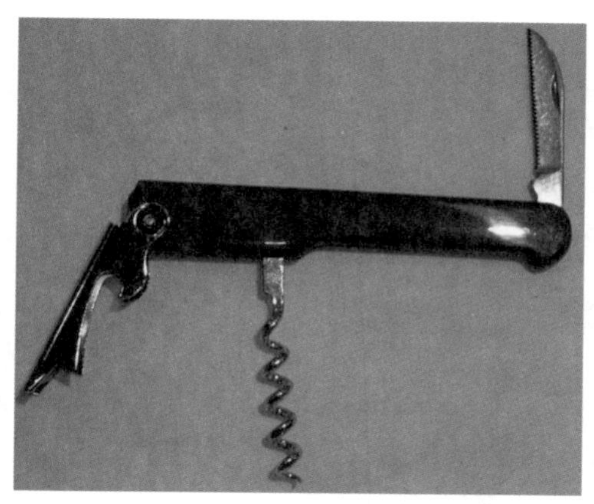

图3-2　侍酒之友开瓶器侧面

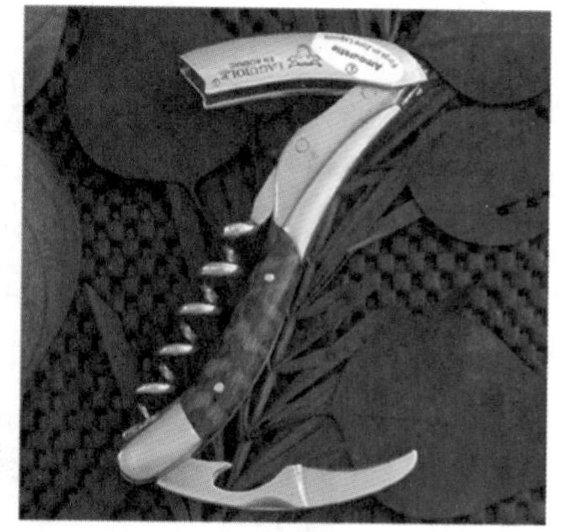

图3-3　侍酒之友开瓶器另一版本

T形开瓶器　顾名思义，它的样子是T形的。

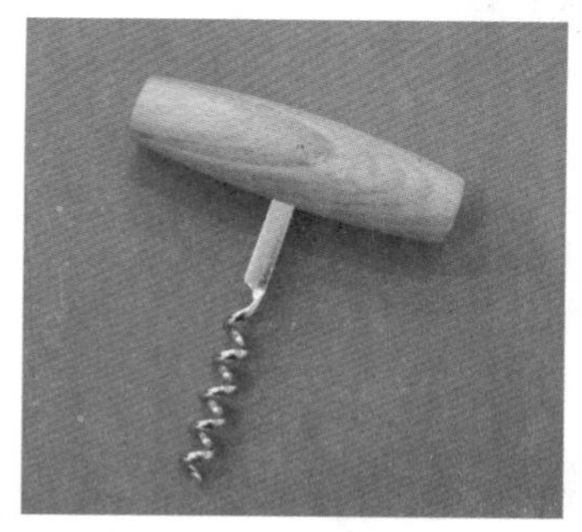

图3-4　T形开瓶器

蝴蝶形开瓶器　这种开瓶器的“臂膀”长得像蝴蝶的翅膀。开酒的时候，上来下去，像极了蝴蝶在展翅飞舞。

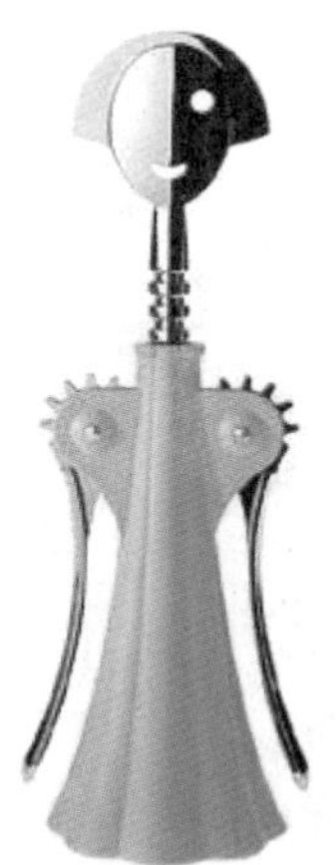

图3-5　蝴蝶形开瓶器

兔形开瓶器 不用多说，它的样子好像一只小兔子。

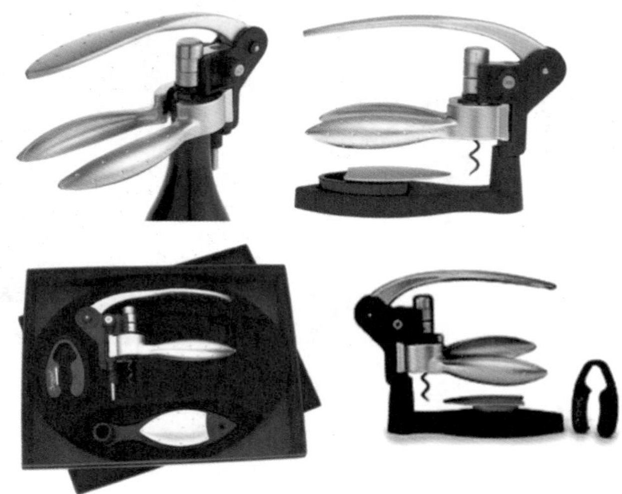

图3-6 兔形开瓶器

其他开瓶器 如螺旋开瓶器、电动开瓶器、气压开瓶器等。

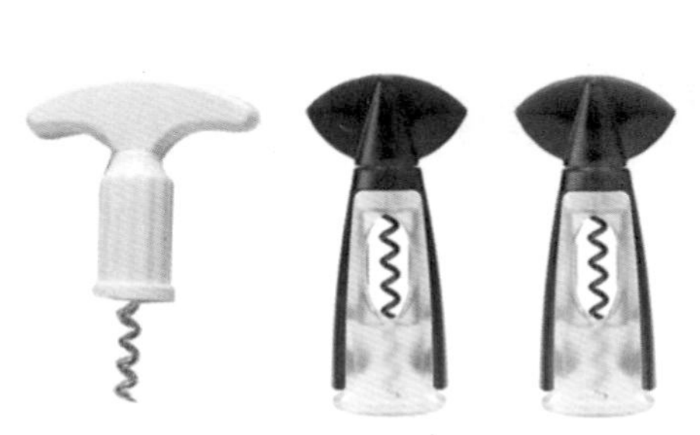

图3-7 塑料螺旋开瓶器

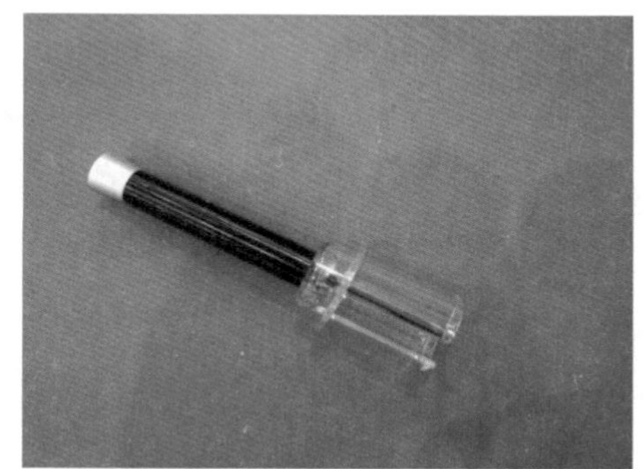

图3-8 气压开瓶器

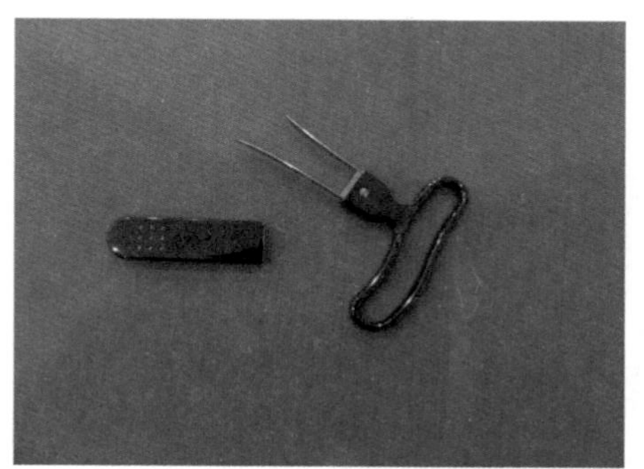

图3-9 Ah-So开瓶器

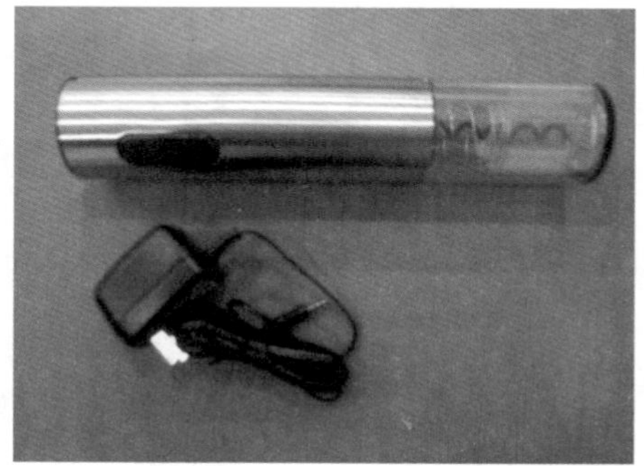

图3-10 电动开瓶器

3.1.2 开瓶器的使用

1.侍酒之友使用示意图

图3-11　切掉热缩帽

图3-12　擦拭瓶口，去除霉菌、灰尘

图3-13　钻入橡木塞开瓶器的螺丝

图3-14　运用杠杆原理翘起一半酒塞

图3-15　继续把完整酒塞翘出

图3-16　拉出橡木塞

图3-17　擦拭瓶口，去除污物和木屑等

2.蝶形开瓶器使用示意图

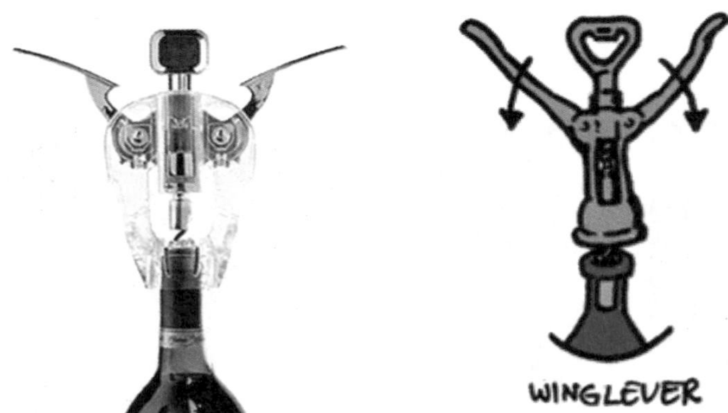

图3-18　蝶形开瓶器使用示意图

3.Ah-So开瓶器使用示意图

图3-19　将Ah-So的两支铁片从软木塞和酒瓶边缘的缝隙插入

图3-20　左右分别施力将铁片整支插入瓶内酒瓶边缘的缝隙插入

图3-21　逆时针慢慢旋转，同时用力向上拔起

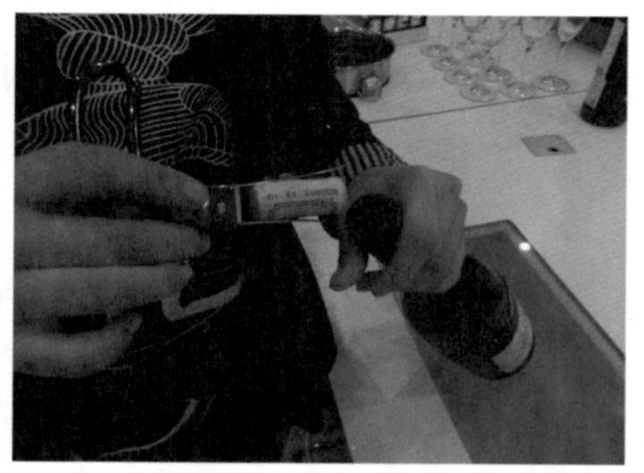

图3-22　软木塞被完好无损地拔出

以上几种只是生活中比较常用的开瓶器。除此之外，还有像现在流行的气压开瓶器和电动开瓶器，基本都是傻瓜操作，拿来就会用的，在这里不多讲了。当然，我们也可能碰到一些比较大的开瓶器，如台式开瓶器，就是把一个大号的开瓶器固定在一个台面上，一压一起，酒塞就出来了，极其“粗暴”和简单，这里不做过多介绍。

3.2　醒酒器不止好看

我们是否注意到，与葡萄酒息息相关的“好朋友”中，有这么一个群体——玻璃或水晶材质、外形精致且各式各样，尤其是在喝珍贵酒或者陈年好酒的时候，它们总是发挥着巨大的必不可少的作用。这么一说，大家应该想到了吧，那就是我们的“醒酒器一族”。

3.2.1　醒酒器的发展

说到醒酒器，好多骨灰级别的葡萄酒爱好者会毫不犹豫地拿出好几种样式各异的醒酒器，然后夸夸其谈它们的美妙。它们不只用于醒酒，晶莹的光泽和典雅的线条，加之与红酒的交相辉映、光晕重叠，其本身就是一件艺术品。这就是那么多葡萄酒爱好者也收藏醒酒器的原因。我先来简单介绍一下醒酒器的发展。

最早的醒酒器，样式是经典的水滴状。因为它上面窄、下面宽，有个"大肚子"，像正在落下的一滴水珠。目前水滴状醒酒器在市场上流通广泛。一般用这样的醒酒器醒酒，将葡萄酒倒入横截面最大处停止便可。

图3-23　水滴状醒酒器

图3-24　进一步发展后的水滴状醒酒器

新一代醒酒器不像最初的醒酒器，这类醒酒器的瓶口开在侧方，而且也不再是直上直下，目的是为了加大葡萄酒和空气的接触面积，我们权且称它为第二代醒酒器吧。这类醒酒器由两个三角形状设计而成，样子还是蛮可爱的，但现在市场上流通倒的是不多。

图3-25　第二代醒酒器

图3-26　第二代醒酒器的另一个样子

随着最具有艺术特质的醒酒器的到来，上面两种醒酒器受宠程度便大打折扣了。这类醒酒器，线条优美而典雅，设计更加合理，不但加大了与葡萄酒接触的面积，而且更利于保留酒的香气，甚至在瓶口倒入葡萄酒的地方还配有漏斗。

图3-27　具有艺术特质的醒酒器

图3-28　超级时髦的醒酒器

当然除了我们上面介绍的三种醒酒器，最近市场上还流通着超级时髦的一类醒酒器。这类醒酒器，其醒酒漏斗运用分子动力学原理，将酒液沿两条设计好的抛物线分流，最后汇聚到杯中，整个过程不但利于酒充分与空气接触，而且可以使酒更快地散发出其自身的魅力。它们不但设计简单，而且醒酒速度更快，更适合年轻、有活力、着急想品尝美酒味道的朋友们使用。

在实际生活中，你可能会见到形式各异的醒酒器，不过不用担心不认识或者不会用，懂了我们介绍的这几种，其他的基本就是由此衍生出来的，大同小异。

3.2.2　醒酒器的运用

刚才我们讲了那么多美轮美奂的醒酒器，可是我们什么时候才能用上这些漂亮的艺术品呢？怎样才能让它发挥和葡萄酒本身相得益彰的魅力呢？

首先，我们说明一下在什么情况下需要用醒酒器。葡萄酒爱好者总是亲切地称呼喜爱的葡萄酒为 “公主”（或“王子”），称他们的陈年过程为“在休息”。既然在休息在沉睡，我们就需要轻柔地把他们唤醒，从而让他们散发出其该有的风采。可并不是所有的葡萄酒都是“公主”“王子”，它们也可能是过了岁数的“大妈”“大爷”，也可能“先天不足”，也可能是个“活力无限的年轻人”。这个时候，我们就不需要再费力劳神地醒酒了，说不定会适得其反。因为上了岁数的葡萄酒，骨架已经比较弱，就是我们说的“老胳膊、老腿”了，所以不能这样大面积地和空气接触；而“先天不足”的葡萄酒，本身就有残缺，更没有必要去伺候它了；对于那些“活力无限”的葡萄酒，我们只需要即开即饮，如果需要醒一下的话，只要将其倒入杯中后轻轻摇一摇，让它变得更加柔和就OK了。

因此，我们总结：醒酒得先看这个酒需不需要醒。一般情况下，以新鲜果香为主的白葡萄酒、新酒、餐酒都不需要醒酒，只需要即开即饮；而贵腐白和甜白酒也不需要醒酒，只需要开瓶后直立透气1小时左右即可；已经过了成熟期的呈现老态的酒也不需要醒酒，相反，应该开瓶后立刻喝掉。其他的酒，没有到达成熟期的，喝起来还比较生涩的都需要醒酒。当然，醒酒的时间也是从几十分钟到几小时不等，要根据具体情况处理，或者我们边醒边品尝，从中体会不同时间段它所散发的魅力。

接下来，我们就来讲怎么醒酒。可能大家会觉得很简单嘛，把酒倒入醒酒器中便是了。确实是这么回事，但倒入醒酒器中的这个“倒”还是有

图3-29　从瓶中倒入醒酒器

图3-30　从醒酒器倒入杯子

讲究的。我们先要把需要醒酒的葡萄酒直立地放在平面上，待所有的沉淀物都沉入瓶底后，再开始醒酒。这时候我们在醒酒器旁边点一支蜡烛，用它来检查酒液内的沉淀，然后轻柔地将葡萄酒沿醒酒器瓶壁倒入，快倒出沉淀物时停止。对于剩余的带有沉淀物的葡萄酒，我们根据需要可以用一个过滤漏斗将干净的酒液过滤到醒酒器中。

图3-31　醒酒过程

至此，我们把一瓶瓶内存放多年的酒液都转移到醒酒器中了，下面根据酒的质量来控制醒酒的时间。普通的葡萄酒我们可以醒30分钟左右，但是对于过于年老的葡萄酒，醒酒时间可能会缩短一些。

选择用什么样子的醒酒器也有些讲究，我们可能会选择瓶颈细瘦的，避免老年份的葡萄酒太快和空气接触。

有些高质量的葡萄酒青涩生硬，完全没有达到最佳饮用时间，我们会让它醒得时间长一些。其实，醒酒过程中，我们可以每隔5～10分钟就品尝一次，这样就不会错过最佳品尝时间了，而且这其中的美妙自是妙不可言，只有自己亲身体验过才会知道。

3.3　葡萄酒杯的精彩

“葡萄美酒夜光杯”，好的葡萄酒怎能缺少那“夜光杯”来点缀衬托呢？试想，那一款款凝聚了酿酒师心血、浑身散发着数代历史的传承和那充满着当地独一无二风土的葡萄酒，没有一只完美的葡萄酒杯，怎么能完整体现出它的灵魂与魅力？

可以毫不夸张地说，用不同的葡萄酒杯饮用同一款葡萄酒带给你的视觉、嗅觉和味觉上的冲击绝对不一样。对于葡萄酒发烧友来说，可能手中会珍藏多只不同风格的酒杯。这只用于喝红酒，那只用来喝白酒，这只用于喝白兰地，那只用来喝独具特色的勃艮第酒……这就好比女人的鞋子，总是感觉少一双，葡萄酒爱好者总想再买一只酒杯来搭配另一种风格的葡萄酒。

图3-32　红葡萄酒杯比白葡萄酒杯看起来“胖”多了

3.3.1　ISO 国际标准杯

这里，我们就从初级入手，选择几款必备的葡萄酒杯，做到尽可能反映出葡萄酒本身的魅力即可。至于以后各方面都比较成熟了，读者可以再根据自己的喜好去选择不同的葡萄酒杯来搭配着喝不同的葡萄酒。

首先，隆重介绍那只在各大国际品酒赛和各种葡萄酒活动中出没的，1974年由法国INAO（国家原产地命名委员会）设计的标准葡萄酒杯，又称ISO杯。其杯口小、腹大，形如郁金香，这种葡萄酒杯的特点就是全能。它不像我们之前介绍的针对不同葡萄酒设计的不同酒杯，它不会突出酒的任何特点，却是直接地将葡萄酒原有的风味展现出来。无论是哪一种葡萄酒，在这个杯子里都是平等的。白的，红的，新世界的，旧世界的，甚至白兰地都可以用它来品尝。也许，没有特点就是它最大的特点。

图3-33　ISO杯

酒杯的容量在215ml左右，酒杯总长155mm，杯脚高55mm，杯体总长100mm，杯口宽度46mm，杯体底宽65mm，杯脚厚度9mm，杯底宽度65mm。

3.3.2 其他常用葡萄酒杯

一只标准ISO杯难免有些形单影只，好多葡萄酒爱好者，总是耐不住想再淘几只不同特色的葡萄酒杯，好对得起那陈藏多年的波尔多佳酿或者勃艮第珍品。既然选择，我们就需要选择一些具有代表性的葡萄酒杯。不难发现，在各种活动中经常碰到的除了标准杯外，还有典型的波尔多杯或勃艮第杯、香槟杯、白葡萄酒杯等（以著名的奥地利Riedel（丽朵）制造商生产的葡萄酒杯为例）。

1. 波尔多杯

杯身较长、杯口较窄，令酒的气味聚集在杯口。因为波尔多酒，酸味和涩味可能更加厚重，适合杯身较长且杯壁不直上直下的杯形。这样的杯壁弧度正好适合调控酒液在口腔内的扩散，使葡萄酒入口时流向舌头中部，然后再向四面流散，令果味和果酸产生和谐的感觉，从而使酸涩感没有那么强烈，又能体现波尔多酒的特色，而且，较宽的杯口也可以令饮者更好地感受到波尔多酒渐变的香气。波尔多酒杯也适用于除波尔多之外的其他红葡萄酒。因受波尔多葡萄酒的影响，多数葡萄酒酒杯都是根据波尔多杯的风格去做的。

图3-34 “丽朵”波尔多酒杯

2. 勃艮第杯

勃艮第杯是大肚球形高脚杯形状。因为勃艮第的红葡萄酒多是用黑皮诺酿造的，而黑皮诺的特点是果

图3-35 “丽朵”勃艮第酒杯

香浓郁、细腻柔顺、酸偏高。如果用波尔多酒杯喝勃艮第红酒，不能很好地体现出其特点，而且还可能影响到口感，所以我们用专门的勃艮第杯。勃艮第杯杯口较波尔多杯更加宽大，我们品尝葡萄酒的时候，可以将鼻子伸进去闻，能够更好地感受勃艮第葡萄酒的魅力。同时，杯口可以引领酒液到达我们舌头最前方味蕾的甜味区域，这样就可以中和一下黑皮诺的酸味，从而达到最美的享受。

3.香槟杯

我对香槟杯的直观印象是不知从哪里看来的一句“搂着女人的腰，摸着香槟的臀”，于是到现在为止，我还是喜欢第一眼看香槟杯美丽的“臀部”，当然饮用时更是忘不了“摸着臀”。因为有气泡上升的需求，所以香槟杯在设计上比一般的葡萄酒杯更加细长，同时杯底会有一个尖的凹点。这个小小的设计可以令气泡更丰富、更漂亮。

图3-36　香槟杯

图3-37　“丽朵”香槟杯

4.白葡萄酒杯

前面说过了，白葡萄酒杯较红葡萄酒杯最大的区别就是，比红葡萄酒杯“瘦”多了。因为白葡萄酒没红葡萄酒那么有骨架，那么浑厚强劲，也就是说，相比红葡萄酒，白葡萄酒更不能与空气接触。所以在设计白葡萄酒杯时，杯身就会设计得相对窄一些，这样有利于白葡萄酒香气的凝聚和持续。同时，因为白葡萄酒的饮用温度比红葡萄酒低，所以相对小的饮用面积也利于温度的控制。当然，根据我们饮用葡萄酒的不同，选择的白葡萄酒杯也不尽相同。比如饮用莎当妮和雷司令的白葡萄酒杯在设计上就不同，主要表现在引入酒液到达口腔味蕾的部位先后不同，其他方面都相似。

图3-38　“丽朵”莎当妮酒杯

图3-39　“丽朵”雷司令酒杯

为了不让大家犯迷糊，我帮大家梳理一下。

- 杯壁的清澈度及厚度对品酒时的视觉感极为重要。
- 杯子的大小及形状会决定葡萄酒香味的强度和复杂度。
- 杯口的形状决定了酒液入口时与味蕾的第一接触点，从而影响了对酒的味觉。因为酒的酸度、涩度，甚至酒精度各异，所以到达不同的味蕾的第一接触点会造成对酒的感觉不同，继而影响对其的喜好。
- 关于葡萄酒杯的握杯方法，只要大家记住：一般情况下，喝红葡萄酒或者喝白葡萄酒的时候，我们都握住酒杯的杯柄，尽量不要用手碰杯壁，因为这样会影响到杯内酒的温度；一般在酒会中来回走动，我们会用手握住杯底，这样一来显得礼貌，二来走动时不至于洒落酒液；关于香槟酒是否“摸臀”看自己的喜好，不过“摸臀”

也会影响到酒的温度；喝威士忌或者白兰地的时候，我们一般都是用手握杯壁，因为这些酒的酒杯一般没有杯柄，而且手的温度基本不会影响这类酒。

“山寨大师”补充

黑皮诺、莎当妮、雷司令都是葡萄品种，因为好多葡萄酒都是用单一的葡萄酿造的，因此我们也会用葡萄品种直接称呼用其酿造的葡萄酒。比如一款酒100%用莎当妮酿造，我们就会习惯称其为莎当妮，其实可能这款酒叫作某某酒庄莎当妮或者什么其他的，但是我们为了方便就会这么称呼。

3.4 杯具用完洗一洗

三五好友汇聚一堂，拿出各自的好酒，大家一块分享。不知不觉已经眩了，可是在你美了美了之后，千万记住不要冷落了帮助我们品尝完美葡萄酒的酒杯或醒酒器，不然杯具真可能变成悲剧了。

3.4.1 葡萄酒杯的清洗

葡萄酒杯的清洗，很简单。

（1）葡萄酒杯用完之后，第一时间要清洗，如果第一时间实在不想清洗，也请将它浸泡在清水中。因为葡萄酒残液不及时清洗，会在杯底遗留下不少酒垢，时间久了，就不容易去掉了。哪怕是白葡萄酒也会出现相同的问题。这可都是我自己的惨痛教训。

（2）高档的葡萄酒杯，别用洗碗机去清洗。因为高档的水晶杯会在洗碗机里受到很大的伤害，建议大家都用手洗。一般刚买回来的水晶杯，第一次会用醋或者柠檬水清洗一下，目的是让杯子更有光泽、更加清新。在使用时，会放在83℃的清水中浸泡一段时间后再用手洗。

（3）清洗完后，我们将杯子从水中拿出，再用不掉毛的纯棉口布一边旋转一边擦拭。这时候注意，千万不要握住杯托或者杯柄旋转，因为水晶杯和玻璃杯最脆弱的地方就是杯身和杯柄的连接处，如果那样做的话，十有八九会听到“咔嚓”一声。你也可以采用自然晾干的方式，将葡萄酒杯晾干。

（4）在存放水晶杯时，事先在搁架上铺上垫布，并将每一支水晶杯底朝天的放好。整个过程都要轻柔。

（5）如果不慎有残渣留下，可以用醋泡一段时间，然后再轻柔地洗掉。如果有其他浑浊物、油腻物，可以用小苏打清洗，不建议用洗涤剂。无论用什么，一定要冲洗干净，不然残留的味道必定影响下次品尝葡萄酒时的口感。

图3-40　各种葡萄酒杯清洗要小心翼翼

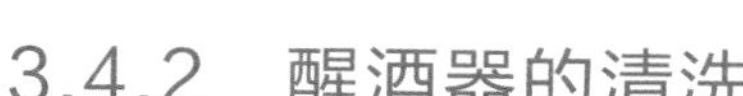

3.4.2　醒酒器的清洗

相对于葡萄酒杯，醒酒器的清洗倒是让我们头大。虽然我们完全可以根据洗葡萄酒杯的方式来清洗醒酒器。可是有好多形状各异的醒酒器，我们用手完全够不到。

图3-41　标准波尔多葡萄酒杯

遇到这样的情况，我们尽量用完就立刻清洗，不然留下残垢后会更加麻烦。对于许多碰不到的凹槽，我们可以用不掉毛的棉布，将其放入醒酒器内，然后在其中注入水，将棉布沿一个方向旋转，直到清洗干净为止。其实现在市场上有一类专门的清洗球，将它们倒入醒酒器内，然后摇动醒酒器让小球在内部滚动，直到洗净为止。如果遇到上次残留的酒垢，我们可以将醋或者柠檬水倒入醒酒器内浸泡一段时间，酒垢会自然脱落，再用清水冲洗干净即可。

已经清洗干净的醒酒器最好采用自然干燥的方式晾干，或者放在温暖的地方，让它自然蒸发烘干。许多醒酒器都附有一套支撑座，可以将醒酒器直接倒放在金属支座上；若没有支撑座，可倒放在棉布上。记得在醒酒器口部垫一块软物，让空气流通，等完全干燥后再收藏好，以备下次使用。

总之，无论葡萄酒杯还是醒酒器，我们都要像对待自己的孩子一样爱护，只有这样才能让它们发挥出最美的光彩。你不爱护它，它也同样不待见你，我们与其伤财又劳民，何不多一点爱心、多一点耐心地好好保护它呢？

3.5 葡萄酒其他好友

前面我们讲了与葡萄酒息息相关的许多“好朋友”，无论是开瓶器、葡萄酒杯还是醒酒器，缺少哪一件都可能成为我们欣赏葡萄酒的障碍。本节介绍一些平时用得比较少的，但也是与葡萄酒息息相关的东西。

3.5.1 各种小配件

尤其在中国市场上，我们总会看到买一瓶酒，外带一个奢华漂亮的

（a）上面两瓶的配件都是用来防止滴漏的

（b）一圈的塑料刷会接收滴漏的酒液

（c）割除铝箔胶帽的装置

图3-42　市场上各种葡萄酒小配件

包装，包装内配备一系列小配件。除了开瓶器外，其他的好像都不怎么认识。其实这些东西，多数是为了好看，为了促进销售的。下面跟大家简单交代一下。

- 防止滴漏塞　这款小东西，初看还以为是酒塞呢，但这酒塞怎么还有孔？原来这是为了倒酒时不滴落在餐桌或者衣服上而设计的防止滴漏塞。不过在我看来，用处不大。
- 铝箔切割器　这款圆形的小东西，看着更是摸不到头脑。原来它是用来割除葡萄酒塞外面封酒的铝箔胶帽的。我实在想问一下，有开瓶器了还用它做什么？难道也要让它发出“既生瑜何生亮”的感慨吗？
- 抽真空塞　这倒是个好东西。因为我们经常碰到一瓶酒喝了一半，实在喝不了了，扔了又可惜，但如果将原来的橡木塞塞回去，又担心瓶内空气对酒产生影响。怎么办？抽真空塞就出现了。它可以抽去瓶内残留的空气，使剩余的葡萄酒保持在真空环境中。对葡萄酒而言，它确实是个好东西。

图3-43　丹麦MENU设计公司的抽真空塞，简单方便实用

- 温度测量计　这款设计又有些诡异。虽然不同葡萄酒需要不同的饮用温度，但是精确到哪一度确实是没有那个必要。我想，大约度数的测定用手和嘴就完全可以搞定。

图3-44 温度测量计

- **车载恒温柜** 车载恒温柜，我个人感觉还是有必要的。因为若经常外出郊游或者带酒赴朋友的聚会，路途遥远，担心干白或者香槟温度过高时，这款车载恒温柜就可以派上用场了。

图3-45 单只车载恒温装备

图3-46 冰包

除去这些，我们偶尔还会碰到更加让我们感到无语的葡萄酒配件。比如为了省去品酒时摇晃酒杯而设计的搅拌棒，为了测试酒内的含酸度、含酒精度等是否符合好酒标准而设计的电子舌头，还有为了能让一款葡萄酒尽快成熟而设计的电子葡萄酒成熟器等。以上这些我总是感觉有些多此一举，不但没有省多少事，而且还破坏了欣赏葡萄酒魅力的过程。

3.5.2 在他乡的好友

写到好友，总是不可避免地触动那根脆弱的神经。远在他乡的你们还好吗？现在都已经在各自的城市各自的地盘为各自的生活而努力着，身边也都已经有了新的朋友。可是他们却不能像我们一样，一起逃课，一起打球，一起通宵上网；不能像我们一样一起青春，一起开心，一起小伤感。我们什么时候能够再回到过去，回到彼此的身边？当然，还有那留给我最青春回忆的小公主，你还好吗？

“刘夏，你给我出来！”我没好气地说。

“你又抽风啊，马上要上课了，我不！”她不打算和我纠缠，把头埋下看书。

“你，你……”我还没有说完，植物生理老师提着她惯用的小包来上课了。她是位上了岁数的教授，像极了所有影视中的教授模样。

“咱们例行公事，点一下名。”这是学校给她老人家安排的任务，和学分挂钩。

“巩天顺……韩涛——”

“来了！”我慌乱回答，同时伴随着同学们一阵稀拉的笑声。因为我一着急，山东口音就带出来了。

“来，咱们先一起回顾一下上次课学习的内容，然后顺便考考大家，看掌握得怎么样……”因为上次课已经是好几天以前的事情了，所以大家都比着看谁把头埋得更低，都怕被老师叫出来回答问题。

“刘夏吧，你来回答一下……”这时候，大家都抬起头来，然后长舒一口气，庆幸没有叫到自己的同时，又面带笑容地看着“中标者”，或多或少会期待她不会，大家好看热闹。

没想到的是，她回答得很流利、很准确。开课前这十几分钟的高潮过去了，老师开始了新的课程，教室里又恢复了原有的死气沉

图3-47 爱之酒

沉。几个感兴趣的同学配合老师听课，都坐在教室的前面。像我这样的调皮分子，一般都是坐到最后排看些闲书或者睡会儿觉。但是今天却什么也看不进去，因为刘夏旁边有个小子，皮肤白白的，身体胖胖的，从男人角度欣赏长得还不错。但我讨厌他，不知道刘夏是我女友吗？每次都要坐到她旁边，气死我了……

在胡思乱想中总算挨过了第一节课，中间休息15分钟，我迫不及待地从后面跑到刘夏面前，二话没说，把她拉出去了。

“你说，你和那个小子怎么回事？”我已经气得不行了，我们来到了学校的一个小亭子旁边。

“什么和什么啊？他和我是老乡，刚认识的，原来还是一个高中毕业的。”刘夏还沉浸在快乐之中，没有觉察到我的生气。

“老乡就老乡，每次上课和你坐一块，算什么啊？”我强压怒气，吃醋了。

“你啊你，人家就是给我占个座，不至于的。要不，下回你给我占座，我们坐一块？”刘夏笑着和我说。

“我才不要，我又不喜欢在前面坐着……”

“要上课了。”刘夏打断我的话。

“上什么上，咱不去了，回头自己看看书就可以了。”

“不上课怎么行？我刚才还在，这会不在了，老师会知道的。”

“没事，老太太就和你好，不会计较这半节课的。这回听我一次吧！”我纠缠着不让她走。

“你太坏了，不去上课做什么啊？还这么麻烦。”刘夏还是想去，她是个爱学习的孩子这点倒是不用怀疑。

“我看快中午了，我们直接去食堂找个有太阳的地儿，吃饭晒太阳吧，下午我带你去看电影！”

“才不和你去看电影。你讨厌，我期末考试考不好，就怪你！”刘夏嘟着嘴说。

我拉着刘夏的手来到学校食堂找了个阳光普照的地方坐下。现在还没有到下课时间，人还没有那么多，但也有几个明显逃课的朋友穿着棉服拖着拖鞋在打饭。看样子是昨晚通宵游戏了，眼神木呆呆的。

图3-48　山坡下的葡萄园

“我要吃鱼，吃芹菜，你快去打，我在这里等你。”刘夏一边捶打我一边催。

“好，给朕坐着，寡人这就给爱妃打饭来！”

在晚秋的午后晒太阳，在我看来怎么也是一种享受。旁边再有我可爱的小公主，那更是享受中的享受。吃饭的时候，她一直给我夹肉，说让我再胖点，自己却拼命吃蔬菜，喊着减肥；我的手一直握着她的手，因为她的手总是凉凉的。快吃完了，同学们下课了。

“刘夏，你怎么没有去上剩下的课？”不知道什么时候身边站出一个人。正是她的老乡！

“哦，我不想上了，就和我男朋友来吃饭了，呵呵。”

“对了，后面讲的东西多不？回头看看你的笔记。”刘夏还是很热情地和老乡聊着。但是，这位老乡倒是像泄了气的皮球，一脸失落地应付着，最后无趣地走开了。

他走了，我的心情倒是美极了。一是没有人在我面前遮挡阳光，二是刘夏刚才和他说我是她男友。哈哈。

从餐厅出来，在门口买了个甜筒，我们手拉手朝寝室走去，秋天的太阳把我们的身影越拉越长。多年以后，我们之间的许多曾经可能被淡忘了，但是那个午后，那个太阳，那个被拉长的我和她的身影却总是挥之不去。

图3-49　斜阳下的葡萄园

第4章　葡萄酒与健康

也许对于初次接触葡萄酒的朋友来说，一说到葡萄酒，最初关心的应该是葡萄酒对于我们身体的益处。起初我们可能听说，喝这种舶来品可以美容，可以瘦身，甚至可以预防心血管疾病等。所以我们就尝一下，或者买来让我们的父母尝一下。也许就是缘于这样的初衷，我们和葡萄酒结下了不解之缘。本章我们就详细介绍一下这被无数人称作“琼浆玉液”的人间精灵，与我们的健康到底有何关系。

4.1　“琼浆玉液”的成分

大家肯定都知道，葡萄酒的主要成分是水，那是葡萄本身携带的水不是我们人为加入的水，它是其他一切物质的载体。剩下的就是我们关注的酒精、各种营养物质和人体必需的维生素等。每款葡萄酒里含有的成分和各成分所占的比例也不一样，我们就把葡萄酒所涵盖的成分简单地分类介绍一下。

图4-1　葡萄

4.1.1 可挥发性成分

这类可挥发性成分，在饮酒过程或者葡萄酒的保存过程中是慢慢挥发掉的。

- 水，一般占葡萄酒的70%～90%，当然可以挥发掉。我们经常看到许多老酒，只剩半瓶了，就是由于水分和其他一些可挥发性物质自然减少造成的结果。
- 酒精，一般其含量在7%～17%之间，也是可以挥发的，不用多说。
- 挥发酸，是葡萄酒生产过程中的一种副产物，也容易在陈酿过程中挥发或者自发进行酯化作用从而使含量变少。
- 酯类，是葡萄酒醇香中的重要物质，也是可以挥发的。主要有乙酸乙酯。
- 碳酸，主要存在于刚酿造的葡萄酒中，在陈酿过程中也会逐渐减少。这类酸有个很大的特点，就是可以使葡萄酒的pH值与我们人体胃液的pH值接近。
- 二氧化硫，残留在葡萄酒成分中的二氧化硫虽然含量不多，但是也会随着陈酿的过程消失掉。在这里多说一句关于二氧化硫的问题。好多葡萄酒爱好者问，二氧化硫不是对人体有害吗，葡萄酒里面怎么会有呢？首先得说明一下，除了极少数有机葡萄酒和纯自然发酵的葡萄酒中不含二氧化硫，其他我们市场中见到的葡萄酒都含有二氧化硫。既然有二氧化硫，为什么我们还这么喜爱呢？因为二氧化硫是为了防止葡萄酒在生产和陈酿过程中被氧化，使葡萄酒更好地陈年而添加的。如果没有添加二氧化硫，这款酒基本需要一年内甚至半年内饮用掉，不然氧化的葡萄酒对人体的伤害会加大。再者，一瓶葡萄酒内含有的二氧化硫不足以对我们造成

图4-2 葡萄酒

伤害，而且我们身体也是可以代谢更新的，所以大家可以放心大胆地品尝美酒。但也不要贪杯，一天喝太多也可能会造成单天摄入二氧化硫过多，尤其是对过敏体质者和哮喘病人影响会更加严重。

4.1.2 不可挥发性成分

葡萄酒中的不可挥发性成分主要有如下两大类：

- 有机物，含量大约在1～5g/L，主要是有机酸、单宁多酚类物质，各种维生素和高级醇等。这里面就有我们比较关注的营养物质了，比如现在炒得比较火的白藜芦醇就属于高级醇的一种，还有葡萄中没有而葡萄酒含有的维生素B_{12}，具有预防贫血的功效。
- 矿物质元素，主要包括钙、镁、钾、铁、锰、铝等。这些不用多说，都是我们人体必需的元素。

其中，有机物中的糖、氨基酸和维生素，我单独拿来向大家介绍一下。

- 糖，也是葡萄酒中的一部分。前面我们提到根据葡萄酒的种类，含糖量也是不等的。一般干红，含糖在4g/L以下。总有糖尿病患者问，我可不可以喝葡萄酒？因为干红里面的含糖很少，所以在血糖控制好的情况下，是可以喝少量干红的。当然，具体情况还要咨询你的医生。
- 氨基酸，是构成人体蛋白质的基本单位。我们人体中有8种必需的氨基酸，是自身不能合成需要从外界摄取的，而这8种氨基酸在葡萄酒中的含量与人体血液中这些氨基酸的含量非常接近。
- 维生素，葡萄酒中的维生素虽然没有其他食品含量高，但却相当全面，尤其烟酸（Vpp）的含量是水果和蔬菜中最高的。这里多说一句，因为红葡萄酒是带皮发酵的，所以其中含有的成分比白葡萄酒多。

现在知道了为什么“琼浆玉液”这么珍贵了吧。它除了给我们带来无与伦比的感官享受外，它也确实是深藏不露，全身是宝啊。知道它这么美妙和珍贵后，会不会在品尝时又多了一份期待和惊喜？

4.2 葡萄美酒的治疗

是该介绍被传得神乎其神的葡萄酒治疗功效的时候了。我也喜欢葡萄酒，也认可葡萄酒爱好者称它为“精灵”“心灵伴侣”，但是却不能容忍某些卖酒商或者酒家把它神化——可以美容，可以减肥，还可以治疗肝硬化，预防心脑血管疾病，甚至对癌症都有巨大疗效。我想说的是，我喜欢葡萄酒并不是因为它是什么神丹妙药，只是单纯的喜欢。如果它可以这么强大，那我们还要美容院做什么，搞什么健身房，医生还不都下岗？

我当然不是否定葡萄酒对人体的益处，也不是不承认它的作用。我只是想告诉大家，请理智看待这些功效。首先，葡萄酒确实可以像上面说的那样延缓人体的衰老，可以预防一些疾病，但请注意这里的效果有个度的问题；再者，我们要持之以恒地科学饮酒，才能期待得到有利的辅助效果。既然已经说明这点，在这里也希望大家以后能够本着真心喜欢葡萄酒、真正体会葡萄酒乐趣的心态去品尝葡萄酒，至于它带给我们多少潜在的营养和益处，当然是“美美与共”了。

图4-3　传统葡萄酿造时，人们踩碎葡萄浸渍发酵，分享快乐与健康

说了那么多，还是得和大家说一说葡萄酒的那些神奇。记住神奇可是有限度的哦。

- 有利于生长发育。葡萄酒中含有各种营养元素，肯定对人体的生长发育有很多好处，不多说。
- 促进消化。葡萄酒能够刺激胃腺分泌胃液。单宁可增加肠道肌肉系统中平滑肌肉纤维的收缩，调整结肠的功能，对结肠炎有一定疗效；山梨醇有助我们消化，从而达到健康瘦身的目的。
- 美容养颜、减肥。葡萄酒含有人体必需的氨基酸、蛋白质及维生素C、B_1、B_2、B_{12}和矿物质，可以不经过预先消化，直接被人体所吸收。因此，它可以促进新陈代谢，提高人体的免疫力，让人更加有精神，从而达到美容、减肥之疗效。
- 预防感冒。葡萄酒中含有苯酚类化合物，能在病毒体表面形成一层薄膜，使其难以进入人体细胞，从而达到防止感冒的效果。所以有了“感冒就适当喝点红酒”一说。
- 延缓衰老。葡萄酒中含有的单宁酸和红色素等酚类物质有对抗人体内氧化自由基的作用，抗氧化，延缓衰老。同时，还能够预防蛀牙及防止辐射伤害等。

图4-4　神奇的葡萄酒

- 降血脂、降血压。葡萄酒中的单宁酸可以降低血液中动物脂肪分解出的脂质，即劣质的胆固醇含量，从而起到降血脂、降血压的作用。
- 预防心脏病。葡萄酒可以调高血液中“良性”胆固醇的含量，而血浆中HDL（高密脂蛋白）含量的增高会显著降低心脏病的发病率。
- 预防脑血栓、动脉硬化。葡萄酒中的白藜芦醇是一种植物抗毒素，具有抑制血小板凝聚作用，可以减少脑血栓的发生，同时还具有抗菌、抗癌、抗诱变的作用；葡萄酒中的原花色素能够稳定构成各种膜的胶原纤维，降低血管壁的通透性，防止动脉硬化。
- 预防各种癌症和肾结石的发生，甚至可以增强性欲。

不知不觉中，已经罗列了这么多。其实，从我自己的亲身体验来看，喝葡萄酒确实可以增强免疫力，不知道是不是因为经常喝葡萄酒，我长时间没感冒过。而且，适当喝点葡萄酒可以缓解压力，平息自己焦虑的心情，睡前小喝一杯倒是有利于睡眠。葡萄酒还可以用来杀菌，貌似通便效果也超级棒。

“山寨”大师小提示

葡萄酒是一种酒精饮料，并非什么保健品或者治疗药物。

4.3 怎样合理饮酒

葡萄酒这样美妙，是不是我们就可以无休止、不限量地喝？答案当然是否定的，因为大家不要忘记它是酒。既然是酒，那么过度饮用必定会伤害我们的身体，可能造成记忆力下降，没有食欲，影响智力，甚至导致肝硬化、肥胖症等。那么对于我们正常人来说，饮用多少是合理的呢？

4.3.1 饮酒要有度

其实单独说饮用几杯算合理，实在有些牵强，毕竟每个个体不一样，有的人酒量大一些，能达到千杯不醉的境界；而有的人是一沾就倒的酒

图4-5　葡萄酒欢乐聚会

量，所以我们很难有个定量。但是我想说的是，能喝十分，我们控制到五分就足够了，就是达到那种有点眩还没有醉，还能正常做事的状态。我视这种状态为酒后积极状态，因为这时候你的思维活跃，表现积极，还保持理智，是有利于我们个人做事情的。

下面我们看一下，古希腊时留下来的饮酒至理名言——我把三碗酒兑在一起使之变得温和：第一碗是为了健康，第二碗是为了爱和欢乐，第三碗是为了睡眠。当三碗酒被喝干，聪明的人就会回家；第四碗不再属于我们，而属于亵渎；第五碗属于喧闹；第六碗属于醉鬼的狂欢；第七碗属于黑眼睛；第八碗属于警察；第九碗属于坏脾气；第十碗则属于疯子和摔烂家具。

古希腊人说的三碗是最适度的饮酒量，我感觉还是很有可取之处的。按现在来说，如果三碗是一瓶的话，那么我们两个人，一人半瓶，这样正好是我眩的状态。个人可以根据自己的酒量来控制应该喝多少。我们还要注意：不要空腹去喝任何酒精饮料，最好能够配餐饮用。记得喝完酒后补足身体内的水分。

4.3.2　做事要有度

年轻的时候，我们总是抱怨生活对我们的各种不公平；总是不能平复心中的隐忍之火，哪怕是稍稍的一碰也会全面爆发；总是找各种理由和借口去和各种制度、各种体制做斗争；总想着自己是那划破黑暗的闪电，拯救受苦受难的人民于顷刻间。倒是年长一点后发现，以前看待的所有不公平又是那么的公平；以前心中的火，却怎么也点不着；以前那种把整个世界拯救于顷刻间的想法变成了更加现实的工作和生活。是社会把我们磨练得更加世故、更加理智了，还是自己心中的信念早在走向社会的时候就倒塌了呢？无论主动还是被动，我想不可否认的是我们成熟了。以前从来没有觉得成熟是一个褒义词，那万众一个脸色的表情，那该死的悲哀的成熟。反倒是现在回想起以前的冲动和正义感，是那样的亲切，是那样的向往，是那样值得回味。最后可悲地发现现在只能回忆一下过去，聊以自慰，然后对自己狠狠地说，“爷也年轻过！”

和刘夏的感情，波澜不惊。一块自习，一块散步，一块吃饭、打闹。当然，也有任何大学恋爱中的为一点鸡毛蒜皮的事吵个底朝天，最后却又手牵手，发现当时吵架的原因是那么可笑。难道就为了谁晚来了几分钟，为了谁不经意的一句玩笑，为了那都想不起的原因，吵得都吃不下、睡不着。

不过和刘夏之间，倒是有个问题一直困扰着我，就是他那个半死不活的、死皮赖脸的胖子老乡一直纠缠着她，而她还一直没有表现出讨厌他、拒他于千里之外的意思。也曾经为了这事和她吵过架，最后还是没有正当的理由让她不理他或者怎么样。现在回想起来，当时怎么就这么小肚鸡肠，这么点魄力，这么爱吃醋呢？权且给自己个台阶，谁没年轻过啊，然

图4-6　充满绿色希望的葡萄园

图4-7 阴云笼罩下的葡萄园

后又心安理得了。

“怎么了，天顺哥？刚才还十二点的花儿仰头出门，这会儿怎么耷拉着脑袋回来了？”小方坐在床上说。巩天顺是我们宿舍的老大，刚才去食堂给我们带饭。今天周末，昨晚都在宿舍打游戏，这会儿中午了还都一个个赖在床上，而天顺哥因为是游戏的失败者，所以就惩罚他中午去食堂带饭。说话的是刘方，是我们宿舍的老小。别看他比我们年龄小两三岁，可从外表完全看不出来，身体壮得很，脾气也爆，打球更是强硬。在这里顺便介绍下，我们104的成员。宿舍四人间，我排行老二，除去老大天顺，和老小小方，就剩下老三赵查理了。赵查理，生性老实，有几分腼腆，是我们宿舍学习最好的，也是老师心目中的乖孩子，刚进学校就在学生会混了个一官半职，是我们宿舍的门面担当呢。

“呃……是刘夏的事，我不知道该不该说……”天顺哥一脸沮丧的坐在床上。这会儿没有人接话了，好像都在等着我，而我还在被窝里迷糊呢。

“啥？刘夏？谁？怎么了？快说！”我迷糊中听到刘夏，一下子坐起来了，以至于由于起得太快都有点头晕。

“呃……怎么说呢……”老大犹豫着不知道从何说起。

“你快说，有什么不能说的！”我脾气和小四有一比。而老大和老三都是老实人，不过都仗义得不得了。

“是这样的……”原来老大去食堂买饭的路上，碰见刘夏也要去食堂吃饭。而她后面跟着四五个男生，一直围着她唱《特别的爱给特别的你》，其中为首的就是她那个老乡。就这样，老大跟他们一路去食堂。在食堂里，老大见他们还在不停地对她说些肉麻的话，就警告他们说，“你们等着！和我兄弟说。”结果他们仗着人多就找理由要揍老大，而那老乡竟然说到激动处动手扇了老大脸一下，扬言要老大老实点不然灭了他。

还没有听完，我就控制不住了。打老大，还牵扯我的原因。大喝一声，从床上跳下来，顺手抽了床旁边一根铁棍。而这时，小四早已夺门而出。

“你大爷，不想活了吗……”我们俩就赤条裸裸地冲向那个老乡的宿舍，以至于老大和老三还没有反应过来。好在他们宿舍和我们一层楼。伴随着他们门后面一块大镜子的落地声，小四冲在前，一脚踹开他们宿舍的门，进门后二话没说拖起那个老乡驾到了墙上。我进去后看见他们宿舍其他几个人围着愣神。看来是不知道什么情况，而那个老乡也被这突如其来的情况吓得摸不着头脑。

“还有谁？！”我随后抄着棍子冲剩下的人说。其他人见这架势都退到了一边。这时候才发现，我们后面早已经被来围观的同学堵住了去路，而老三和老大也不知道在哪里。可能是午后寂静的楼道被我们的叫骂声和玻璃破碎声划破了，所以一瞬间同学们像恐怖片中食人虫子一样爬出了宿舍，黑压压地围满了整个楼道。而老大和老三则被无辜的撂倒了最后。

“你是不是打我们老大了？”我忍着愤怒冲他嚷着，此时的鼻子和手都在抖，实在忍不了了。因为打人要有个理由嘛，尤其看到他那衰样，更不忍心下手了。

“你们老大是谁啊？我不知道啊？”那老乡被小四摁在墙上勉强地说。

“今天中午干的事！”说着，小四狠用他的头磕了几下墙。

这时候，他反应过来了，要反抗，却不曾想小四力气很大，这次也发了狠，硬是没有动的了。他的舍友这会儿也反应过来了，原来也有他们的

图4-8　奇异变化的葡萄园

事，都有动静。

“你们都给我老实点，这事与你们无关，我今天就揍他！都给我闪一边去！”我看情况不妙，顺手把桌子上的一个暖瓶摔在了地上，手里的铁棍子狠命地抽着桌子和空气。谁过来就抽谁了，现在只能这样了。

没想到，他们还都吓住了，可能都是些在高中老实学习的孩子，也不像我和小四经常打架逃课。僵持了一会，他们的班长来了。那哥们我认识，因为经常一块打球。就过来说话，“先放了他吧，我们有话好好说，学校知道了不好！”

“这次没有你的事，主要这厮太放肆了！我们要求很简单，叫我老大过来抽完他，我们走人。”我冷冷地说道。

“你们还没完了！怎么得势还不放人！别没数！”没想到，门口有个同样的死胖子甩出这么一句话来。

“你谁啊？！今天这事就要抽他！我们要讨回个公道，你不服过来！”我瞥了一眼另一个死胖子。不过说回来，这个家伙可不是胖子，倒是因为我瘦，所以都叫比我胖的为胖子。相比我们摁住的这个，他更矮，但是更结实，戴一副黑眼睛，看着很有两下子。后来知道，原来这厮和那个老乡也是老乡，刚才揍老大也有他的份。

这家伙刚要冲过来，不曾想被后面一个人牢牢抓住了，动弹不得。我一看，原来是我们班长。虽然好多大学里面班长都是老师的“狗腿”，学校的“走狗”，但是我们班长可是够仗义、够兄弟的。我们班长叫魏猛，像名字一样，天生蛮力，身高一米八五，长得国字脸、高鼻梁、大眼睛，皮肤偏白，确实是英俊潇洒。

“你要干什么啊？老实点，没你的事！”班长说。那家伙一看动弹不得，也不吱声了。“涛，我看先算了吧，这回人很多，影响不好，而且都是一层楼的。”

“不行，今天就是天王老子来了，我也要天顺哥来抽他！没礼数了，一个楼道的就仗着人多欺负人？我还不信了！天顺哥，天顺哥……”

好在天顺和老三从后面挤进来了，还没有走近我们，我就看到了他俩身后是胖子班的辅导员。是个女人，这可不是一般的女人，不只是辅导员，还是什么心理老师，好像在学校还负责学生工作，还是什么团工部的。到底这些事能做好哪个，我们倒操不了那个心，但是却一直为她这种为了学生宁肯舍弃大量陪伴丈夫孩子的时间的勇气而费解。这女人，一米六五的个子，皮肤白皙，身体偏瘦，齐耳短发，一眼望去就是相当干练的那种。五官端正，没有什么特别的，倒是眼上架一副金丝小眼镜多了几分秀气。别看她如此干练能干，说起话来，那个温柔劲、那种恨不得让你感觉她就是最关心你、最疼爱你的人的语调，实在让你无法抗拒。

“韩涛，你先把棒子放下好吗？有话好好说。来，刘方你也先放了他。来来，魏猛把你班的他俩先带回宿舍，咱们回头好好谈谈。有什么事，大家这么火的，都是同学，你们知道吗？这会的同学都是你们以后最好的友谊，都是你们的财富啊。不要这样子，这样不好。多年以后，你们会后悔的。我告诉你……”总算说完了，我听着都感觉累得慌，而她却丝毫不感觉吃力，而且语调有节奏且态度和蔼，其中更透着强势不可反抗的气势。

不经意间，班长魏猛已经从我手中拿下了棒子，而刘方也被其他同学支到了一边去了。一下子，局势全变了。我们一下子无所适从了，好像是个做错事的小孩子等待家长老师的批评。

“什么啊，你偏护你的学生。我实在忍不住，凭什么啊？他打人，我

图4-9　风轻云淡的葡萄园

们得打回来。凭什么！”我已经有些方寸大乱。

“来，什么事？我不了解情况，我肯定不会偏护，你们都是我的学生。来来，到我办公室里说清楚，他打人我肯定要惩罚他！”这个女人温柔又坚定地说着，“好了，大家都去休息吧，没事了。来，两个班长你们把各自班的人都带回去，回去休息吧！”

就这样，刚才还堵得水泄不通的走廊，就像风吹白色灰尘一样，一下子干净了。宿舍都空了，就剩下我们四个和胖老乡，还有这个女人。

“来，到我办公室里，我们好好说说，你们都不想学校知道吧？你们都不想学校通知家长吧？”这一般都是学校老师的杀手锏，要么处分，要么通知家长。一听这话，我们的心已经凉了一半，想想家里的老父老母，实在不想让他们跟着儿子丢人。虽然这不是什么丢人的事。

来到办公室，就成了这个厉害女人的表演时间。一会软，一会硬，目的只有一个：我们以后都老实点，以后不要再闹事，要听她的话。同时又表达出了她对我们的期待是多么得大，等等。说到动情处，竟然还落了几滴泪。可以想想，在我们那个年龄又能怎么做呢？最后，那个胖老乡给我们老大赔了礼，道了个歉。你不知道，在老师面前装得那个老实，那个无辜，多年以后想到他那露着虎牙的微笑还是不寒而栗，假。

事情就这么结束了，我们当然感觉吃亏了，因为当时想没有抽到他耳光。于是我们四兄弟回去商议，怎么在路上算计他，怎么在学校外面暗算他。结果，睡了一觉以后，又被各方面的事情冲到九霄云外了，只是彼此说“从长计议”。多年以后，除了怀念当时的勇气和冲动外，就剩下老大当年说的最后一句话：“小子，别让我在我地盘看到你，非弄死你！”那么老实的人临走摔下那么狠的话，加上那表情，我当时实在是忍住没有笑。现在哥几个一块喝酒，倒成了相互取笑的玩笑。时间过得真快。

4.4 法兰西怪状

说了这么多关于葡萄酒有益于健康的内容，觉得有必要说说那最有名的“法兰西怪状”。因为这一怪事可是推动了全世界范围内的葡萄酒销量。这一怪事最初出现在美国一本名为60 *Minutes*的书中，然后很快传开，葡萄酒的需求量瞬时出现也提高了44%。

4.4.1 法兰西怪事

1898年，世界卫生组织（WHO）世界心管疾病控制系统——“莫尼卡项目”的流行病学调查证实，法国人的冠心病发病率和死亡率比其他西方国家，尤其比英国人和美国人要低得多，其标准人群（35～64岁）中，冠心病的死亡率男性约为英国的1/2、美国的1/4，女性约为英国的1/3、美国的1/4。

法国人的人均葡萄酒饮用量居世界首位，他们的饮食中动物性脂肪含量高，胆固醇摄入量大，而且吸烟嗜酒成性。出于饮食和生活方式因素的考虑，法国人应该是一个有健康危险的群体。但是，出人意料的是，进一步研究表明，比起那些正常饮食中不包括葡萄酒的人来说，进餐饮用葡萄酒的法国人的心血管疾病发病率及死亡率较低。这就是所谓的“法兰西怪状”（The French Paradox）。

英、法、美的饮食结构基本相同，显著区别是：英国人爱喝威士忌，

图4-10 一年一度的法国列级名庄巡回展现场

法国人爱喝葡萄酒，美国人的啤酒消费量居世界首位。显然，结果产生差异的原因自然就是葡萄酒了。其实，我们细细分析，也会找到造成这个“法兰西怪状”的许多其他因素。

比如，法国人在饮食上获得的脂肪多来自于酪农业产品和蔬菜，而英、美多是从动物身上获得。研究表明，摄入同样的脂肪含量，酪农业产品中的脂肪会比其他形式的脂肪更加健康。同时，法国人进餐更加缓慢，进餐次数多，利于消化吸收，而且在餐与餐之间很少吃油炸和膨化的零食。再比如，法国是温带海洋性气候，气候条件比美国更适宜人居住。而且法国人更加注重户外运动，等等。形成法兰西怪状的原因有很多，如果我们只把它单纯地归于葡萄酒还是有些牵强，缺乏说服力，大家还是应该理性地看待这一问题。

4.4.2 洋葱葡萄酒

曾几何时，当葡萄酒还没有在中国大江南北红火的时候，“洋葱葡

图4-11　普通消费者家中餐桌上的葡萄酒

萄酒”竟然在老百姓生活中先火了。我还是从父母那里听说的。一天，妈妈神秘地拿来一小杯红酒让我喝，难道妈妈也迷恋上葡萄酒了？我疑惑时，被口中的红色液体呛得清醒了。“哪来的假酒啊？这是什么味道啊？”我跟妈妈说。“什么啊，不知好歹，这是我今天和你爸爸刚买的洋葱葡萄酒，对老年人健康好得很！”妈妈对我说。

原来在公园门口有个洋葱葡萄酒的展台。早上爸妈去锻炼，被告知洋葱葡萄酒对身体好，又是降血脂、降血压的，而且他们觉得不难喝。我于是找到瓶子看上面的原料“洋葱、葡萄汁、蜂蜜”！

可是，对于和葡萄酒打这么多年交道的我来说，实在不明白它们的酿造原理。难道是把洋葱加到葡萄汁中一起发酵，最后又加入蜂蜜？还是洋葱直接泡入葡萄酒？哪一位葡萄酒爱好者，会在一瓶好端端的葡萄酒中添加洋葱？那还是葡萄酒吗？还有葡萄酒的魅力吗？也许因为洋葱对人体有很大的好处，而葡萄酒的益处我们也不必多说，所以商家就创造了这么一个合成品，而且市场份额还不小呢。可是，可怜了我们的父母们。

“要吃洋葱，咱炒牛肉，我的妈妈，哎！”

第5章　特种葡萄酒

当我们为口中的美物神魂颠倒的时候，是否忽略了那么一个群体？它们像极了我们经常喝的葡萄酒，因为它们也都是用葡萄酿造的，可是它们又有别于普通葡萄酒。它们各具特色，与众不同，身上印着当地历史和风土人情的烙印，也深受我们的喜爱。我们叫它特种葡萄酒。

5.1　加强型葡萄酒

说到特种葡萄酒，我们首先要介绍一下加强型葡萄酒，因为年轻的小伙子和漂亮的姑娘们在酒吧聚会时总少不了它们，如波特、雪莉或马特拉等等。

在由葡萄生成总酒度为12%（v/v）以上的葡萄酒中，加入葡萄白兰地、食用酒精或者葡萄酒精以及葡萄汁、浓缩葡萄汁、含焦糖葡萄汁、白砂糖等，使其最终产品酒精度为15%～22%（v/v）的葡萄酒，就是加强型葡萄酒。

5.1.1　波特酒（Porto）

说到波特酒，也许不用犹豫，大家都会想到葡萄牙，或者会想到一些电影中的画面：一个成功人士，晚餐后“瘫”坐在软绵的沙发里，点支雪茄，来杯波特，洋洋得意，羡煞旁人。这波特酒到底是何方神圣，让这么多人为之倾倒？

其实，最初的波特酒也是个意外的产品。因为最初从葡萄牙运往英国的葡萄酒在海上颠簸数日，总是出现酒质下降或者变坏的情况，酿酒师们为了加强酒的稳定性就在葡萄酒中添加适量的葡萄白兰地，这样最初的波特酒就成型了。这样的酒，酒精含量高，比较稳定，利于保存。后来，酿酒师们为了调整口感，又相继改进方法。最后，在葡萄发酵的过程中，为保存葡萄酒中的残糖提前加入葡萄白兰地，让高浓度酒精杀死酵母菌，从而中止发酵，这样就得到了我们今天的波特酒。显而易见，波特酒比普通葡萄酒含糖量高、酒精度高，因此波特酒经常作为饭后甜酒来品尝。

（a）年份波特酒

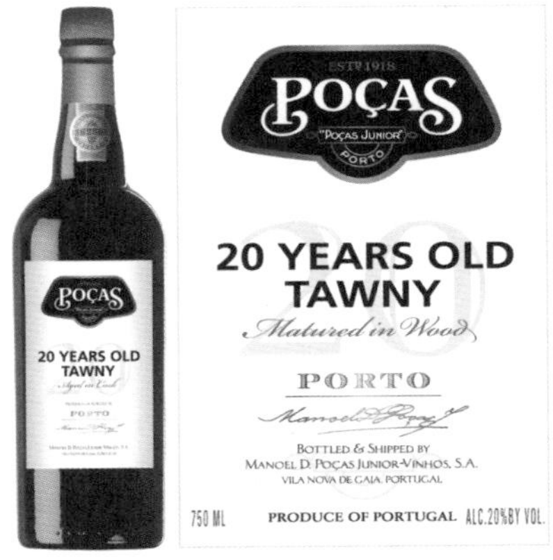

（b）年陈酿波特酒

图5-1　波特酒

因为波特酒闻名于世，所以葡萄牙当地也申请了命名保护。就像香槟一样，现在只有产自葡萄牙多罗河（Douro）地区的波特酒才可以称作真正意义上的波特。

波特酒也会进行橡木桶陈酿，也有红白之分。好的白波特，可以作为开胃酒来饮用。而珍贵的橡木陈酿波特，更是让你爱不释手，饮后回味无穷。

5.1.2　雪莉酒（Sherry）

就像波特酒会让我们想到葡萄牙一样，雪莉酒会让我们想到西班牙。因为西班牙是雪莉的故乡，或者说最纯正的雪莉应该来自于西班牙。莎士比亚为什么会对它有如此偏爱——“装在瓶子里的西班牙阳光”呢？必然与雪莉酒那独具特色的酒液息息相关。当我们品尝雪莉酒时，不难发现那种轻快、鲜美及透着麦香的风味，已经悄然带我们进入了西班牙那阳光灿烂的日子。

雪莉酒的酿造和波特有些相似，最主要的区别是雪莉酒会根据最终类型在发酵结束后进行酒精的加强。而其陈酿方式Solera系统陈酿也是很

图5-2　欧洲城堡一样的葡萄酒庄

（a）一家酒厂的雪莉酒

（b）雪莉酒杯

图5-3　雪莉酒

独特的。Solera就是酿酒师们会把成熟过程中的酒桶分为数层堆放，最底层的酒桶存放最老的酒，最上层的则存放最年轻的酒。每隔一段时间，他们会从最底层取出一部分的酒装瓶准备出售，再从上层的酒桶中取酒，依顺序补足下层所减少的酒。例如，取第二层补第一层，取第三层补第二层……如此一来便能以老酒为基酒，与年轻的酒调和，使雪莉酒同时具备新酒的清新淡雅和老酒的浑厚醇香，从而达到雪莉酒多年如一日的稳定口感。

若去真正的西班牙餐厅点一杯雪莉酒，会有位经验丰富的老师傅娴熟地用特殊的工具从橡木桶中优雅地为你盛上，这也许是喝雪莉酒的一种传统吧。

5.1.3　马德拉酒（Madeira）

如果葡萄酒被氧化了，那肯定就没法喝了。但你是否知道就有这么一种特殊的酒，故意让它进行开放式热处理，让它接触空气，让它被氧化。而结果却出人意料，成就了一种驰名天下的“马德拉酒”。因其独具特色的酿造方法，赋予了它与众不同的口感。品尝马德拉酒，除了有种类似特殊的哈喇味外，还透着坚果、烟熏的味道，丝滑轻盈的口感加上那真切淡雅的花香，确实别有一番风味。

图5-4　不同酒家生产的马德拉酒

马德拉酒一般会在40℃～60℃下开放的木桶中预处理5个月左右。接下来会把温度控制在20℃左右，让其静置1～2年，最后封存5～10年。质量好的马德拉酒可以保存上百年，可谓是葡萄酒界的常青树。

当时在葡萄牙马德拉群岛生产了一批普通的白葡萄酒，当地人为了把这批酒运输出去，就把这批酒放在了货船的舱底。经过长时间的海上颠簸，这批酒在到岸时竟然比起初的质量还好。于是，人们就有意识地去研究这样的方法，最后有了独特的马德拉酒。

5.2 加香型葡萄酒

说起加香型葡萄酒，我们听起来可能有些陌生。其实相对于葡萄酒，我们应该接触它更早些。你喝过“味美思”吗？也许年龄大点的朋友对“味美思”有印象，或许还能勾起多年前的那些回忆。其实被我们所熟知的“味美思”就是一种加香型葡萄酒，是我国张裕葡萄酒公司以葡萄酒为酒基，用芳香植物的浸液调制而成的。

以葡萄酒为酒基，由浸泡芳香植物或加入芳香植物的浸出物或溜出液而制成的特种葡萄酒，就是加香型葡萄酒。

说起加香型葡萄酒，它最早也许是一个中间产物。因为最初葡萄酒作为舶来品是很昂贵的，而果汁饮料又很没有档次，所以厂商就想生产一种中间产物，既价格便宜，又口感甜美且上档次，加香型葡萄酒就应运而生。让厂家没想到的是，这种葡萄酒给厂商带来了巨大的销售利润。由此可见，美妙的口感、极高的性价比是其受消费者青睐的主要原因，尤其对于那些初次喝葡萄酒的朋友，可能感觉喝干红、干白有些不适应，于是就选择了这些果香浓郁、口感柔和甜美、接近普通葡萄酒的产品。

图5-5　张裕葡萄酒公司的味美思

根据含糖量不同，加香型葡萄

酒分为干、半干、甜、半甜四种类型。下面我们介绍几种常见的加香型葡萄酒。

我们所熟知的“味美思”，一般是选用干白葡萄酒作为原料。优质、高档的味美思，要选用酒体醇厚、口味浓郁的陈年干白葡萄酒才行。然后选取二十多种芳香植物（如杜松子、鸢尾草、豆蔻、可可豆、生姜、芦荟、桂皮、丁香等），或者把这些芳香植物直接放到干白葡萄酒中浸泡，或者把它们的浸液调配到干白葡萄酒中去，再经过多次过滤和热处理、冷处理，以及半年左右的贮存，最后才能生产出我们所钟爱的“味美思”。

图5-6　桃子莎当妮加香型葡萄酒

图5-7　草莓白仙粉黛桃红葡萄酒

图5-8　黑莓梅洛特加香型葡萄酒

图5-9　各种加香型葡萄酒

我们在市场中经常见到桃子风味的甜白葡萄酒、草莓风味的桃红葡萄酒和黑莓的红葡萄酒，这些都是加香型葡萄酒。它们的酿造工艺和“味美思”差不多，就是添加到基酒中的原料不一样，添加的是草莓、桃子、黑莓等食品添加剂，也可能添加它们的浸泡液。在这里有必要说明一个问题，不要一看这些酒里面有添加剂，就认为对人体有害，断定酒不好喝了。符合标准的食品添加剂是很有必要的，不只是在这些葡萄酒中，在我们日常生活中都随处可见，大家要消除这个偏见。

5.3 葡萄酒中的贵族

在葡萄酒家族中，有这么一类：它们不仅仅价格昂贵，而且质量总是无可挑剔，饮用过的朋友们总是对它流连忘返、回味无穷，加之产量稀少，被葡萄酒爱好者称为葡萄酒家族中的贵族。它们就是冰酒和贵腐酒。

5.3.1 冰酒（Ice Wine）

将葡萄推迟采收，当气温低于-7℃时，葡萄在树枝上保持一定时间，结冰后采收、压榨，用此葡萄汁酿成的酒就是冰酒。

我们从冰酒的定义中不难看出冰酒酿造工艺的特别及其珍贵的原因。首先，冰酒不是所有国家、地区都能够生产。最初，最传统的被国际所认可的能够生产冰酒的国家只有加拿大、奥地利、德国，而且还是这些国家的部分特定地区，甚至是特定的年份。因为酿造冰酒的条件相当苛刻：酿造冰酒的葡萄要一直在树枝上挂着，直到酿造前才允许采摘。这段时间，冰葡萄需要适当的环境湿度，以保证其持续地自然脱水风干而不至于霉烂或过度干硬。挂在枝头的冰葡萄，不仅要经历大自然的风霜雨雪洗礼，还可能遭遇到鸟兽的啄食。一般两个多月后，还要等待一个特殊的气候出现时才能够采收，即零下8℃且持续12小时以上。这就要求所在区域在春、夏、秋三季气温要足够温暖来满足冰葡萄的生长需求，而在圣诞节前后的气温又要足够寒冷，且全年气候不能太过干燥，要保持适度温润。从上面我们可以清楚地看出，即使是出产冰葡萄的地区，也存在着许多不确定因素，能真正自然冰化的冰葡萄确实是上天对我们人类的恩惠。

图5-10　工人在寒冬中采摘冰葡萄

图5-11　我国一家酿酒厂冰葡萄压榨过程

其次，我们稍加思考就可以想到：同样是一串葡萄，自然冷冻浓缩以后和自然成熟条件下相比，出汁率少得可怜。也就是说，我们可能需要10串冰葡萄才能酿出平时一串葡萄酿出的酒。

最后，在酿造过程中，所消耗的成本也比普通葡萄酒大。冰酒昂贵，自有它贵的资本：浓郁的口感，饮用后使人仿佛置身花丛之中；浓缩后的冰酒，其营养价值及保健、预防价值更高。

一般冰酒都会搭配甜点饮用，或者用来单独品尝。因为它有很高的含糖量，所以我们一般一次不会饮太多。一瓶喝不完，可以把它存放起来，下次再喝。如果是在品尝会中碰到冰酒，我们会在最后饮用。因为太过甜美的冰酒，如果上来就饮，会让你有种满足感，等你再品尝普通干红、干白时，都会感觉味不足，过于平淡。所以为了不使其他酒的魅力丢失，我们一般最后品尝它，但可能会有品尝不到的风险。

图5-12　加拿大冰酒和德国宝瓶冰酒

5.3.2　贵腐酒（Noble Rot）

如果说这个葡萄长霉了，还能用来酿造葡萄酒，你会怎么想？如果说这个霉是我们放任它长上去的，你会不会感到惊讶？不用惊讶，这就是我们本节要说的葡萄酒家族中的另一个贵族——贵腐酒。

图5-13　匈牙利吐卡伊贵腐酒

贵腐酒，我经常把它称为冰酒的好姐妹，因为许多经过贵腐霉感染的葡萄也会用来酿造冰酒。首先介绍贵腐酒独特的酿酒原料。我们知道葡萄皮本身附有许多霉菌、酵母、细菌等，而在一些特定的自然环境下葡萄皮含有一种特别多的贵腐霉。这种贵腐霉，在成熟的葡萄皮上会繁殖生长而穿透葡萄皮。这个生长繁殖的过程造成了葡萄中的水分自然挥发，葡萄中的糖分、有机酸等呈高度浓缩的状态而存在。而且，这种霉还能进行一定程度有效的自然发酵，使其最终的产品在同类的甜型葡萄酒中显示出独特超群的口感。

图5-14　匈牙利吐卡伊产区葡萄酒

和冰酒一样，能生产贵腐酒的产区也是相当有限的。我们一般认为，法国的苏玳（Sauternes）、德国的莱茵高（Rheingau）、匈牙利的托卡伊（Tokaji）是三大贵腐酒产区。这些产区普遍的特点就是：葡萄园被一种似烟雾的雾气所笼罩，这有利于贵腐霉的生长繁殖；同时光热又要很充足，这样有利于雾气散去后葡萄中水分的散失。

"山寨"大师小提示：

1. 除了我们以上所说的冰酒和贵腐酒的传统产区，现在有好多国家也有自己的地区适合生产冰酒和贵腐酒。比如，中国的辽宁就可以生产冰酒，再如奥地利也是很有名的贵腐酒生产国。

2. 关于冰酒，我们的冰葡萄必须是自然冷冻浓缩后的产物，不可以用机器人工冷冻浓缩，这样酿出的酒虽然也具有冰酒的特点，但是与真正的冰酒还是相差很远。

5.4 "异类"白兰地

最后我们介绍一下白兰地。白兰地在葡萄酒家族中的地位同样不可小觑。仅仅就白兰地来说，不只有葡萄白兰地，还有苹果白兰地等用其他水果酿造的白兰地。可是因为在市场上葡萄白兰地的份额大且认可度高，所以久而久之，白兰地就特指葡萄白兰地了。仔细的朋友又会拿白兰地到底是不是葡萄酒来发问了。我们就不要再纠结这个问题了，就定义来说，白兰地真的不算葡萄酒，但是就白兰地和葡萄酒的关系，我们怎么也要说它们是一家的啊。

5.4.1 白兰地介绍

白兰地是一种蒸馏酒，以水果为原料，经过发酵、蒸馏、储藏、勾兑而酿成的高酒精度的饮料。每个国家对白兰地的标准还有很多细节上的不同，我们在这里不去讨论。

在这里我们说说白兰地与葡萄酒的关系。首先，酿造白兰地和葡萄酒都需要相同的一步，即我们前面讲到的酒精发酵。对于葡萄酒，酒精发酵后基本上就成为产品了，而白兰地却还要经过蒸馏的操作。剩下的

图5-15　葡萄蒸馏设备

都基本一样，需要经过橡木陈酿以增加酒的复杂性和独特性，而好的白兰地还会根据酿酒师的爱好进行勾兑。其次，一般用于酿造白兰地的葡萄品种和酿造普通葡萄酒的品种还是有些区别的，比如我们常用白玉霓（Ugni Blanc）、哥伦白（Colombard B）来蒸馏酿造白兰地。最后，饮用白兰地的杯子，无论是杯身、杯壁还是杯口的大小，都与葡萄酒杯不太一样。

图5-16　饮用白兰地的酒杯

5.4.2　最后一支舞

打架风波就像春天的小雪一样，还没有来得及好好品味观摩，已经不知道消失在哪个角落了。同学们也像什么也没有发生过，照样一块上课，一块打球，丝毫没有受到任何影响。甚至有的时候，自己都会怀疑是不是发生过？不过，从见不到那个老乡就可以得到肯定答案。确实发生了，这家伙自从打完架后就不知道去哪里了。与其考虑他去哪里了，还有个事情更是让我苦恼得不得了。

这个事情就是自从打架后刘夏再没有理我。开始的时候，她还是打电话告诉我，我做得很过分。告诉我说，人家都已经认错了，你们怎么还能这样不放过人家？几次讨论无果，我们就开始了冷战。确实够冷的，比那年下的大雪还要冷。那年罕见的下了近60年来从没有过的大雪。这可是我生平看到的最大的雪啊，如果不打扫的话，可以毫不夸张地说，真要刨出个洞来走动了。于是同学们就过起了蜗居生活，每天除了出门上课，就是在宿舍打游戏、发呆、看电影。

时间过得还真快，一晃下雪一个礼拜了，可是看老天的意思好像还没有玩够，还在断断续续地下着。起初学校还组织扫雪，后来一看这情形，干脆放任老天爷下吧。只是每天不知道哪些雷锋哥哥、姐姐会把昨晚下在必经之路上的雪清扫掉。当时的感觉真好，要不是因为和刘夏闹矛盾，我想那是我一生中最开心的日子。最让我高兴的是衣服不脏，穿一条白色的裤子，平时可能一两天就脏得不穿了，而下雪后硬是让我穿了两个礼拜。最后实在穿烦了，才洗了洗。

大雪在两个礼拜后停了，看来老天爷也玩累了。随着时间的推移，雪清理了不少，也融化了不少。就这样，我们迎来了正常的生活。这天有体育课，由于上课的班级很多，我们的篮球课只能到偏远的一个球场去上，可是到了那边一看，球场上的雪还没有打扫。这样老师就只能临时改主意说去附近的室内教我们交谊舞。像我这样天生热爱篮球的同学，怎么能够容忍这样的变更呢？怎么能跳那种不像男人该跳的交谊舞呢？当时一脸不情愿地跟着队伍来到了室内。

老师说，让我们先自由组合找舞伴，最后再根据实际情况安排一下。这时候离我和刘夏上次说话都有三个礼拜了。中间她有找过我，我在玩游戏也没有理她。老师一说自由组合，想学的同学们都已经找好了舞伴。而我看着站在队伍前面的刘夏还在等着，从她眼神中明显可以感觉到，她想让我去和她跳第一支舞。而我当时不知道怎么回事，竟然鬼使神差地逃避了她的眼神。过后，我看刘夏选择了我们班最老实的一个同学做舞伴。而我跟老师说身体不舒服，叫几个不想学跳舞的同学回去打游戏了。老师这次也没有理会我们这些平时就调皮的孩子，放任我们回去了。

回去后，我们就开始照平常那样一块联机打CS，可是明显心不在焉，小方一直在旁边骂我到底怎么回事。

“还行不行？这可是我们的荣誉之战啊！”小方在一边说我。

“行，刚才没有看好。”我迎合他说。

“去，没看好，都好几局了！”小方明显对于我的提前出局很是不满。

最后，我还是顶不住了，决定不玩了。因为心思不在游戏上面，心里乱七八糟的，像在自我检讨。“韩涛啊，韩涛，你怎么回事啊？刘夏明显都想和你和好了，都好几次了，你怎么还这么小孩子气？而且刚才她明显在叫你嘛。你是不是做得有点过分了？她虽然有些小孩子脾气，可是谁又不是呢？你这不也是在耍小孩子脾气吗？你是不是该找刘夏谈谈，好好和她说说？”

迷迷糊糊的在小四的床上睡着了。等我醒来，却听到刘夏在窗外叫我。因为我们住在一楼，所以站在外面就可以看到我。

“死了啊，傻瓜，怎么不去吃饭？刚才听小四说，你回来就在床上睡着了。我叫你吃饭去啊！哈哈！”刘夏像什么事情也没有发生过，在窗外歪着头和我说。

图5-17　美丽的湖边倒影

开始，我还以为是做梦呢。过会儿老大推我说，“快点起来了，你看刘夏都在外面好久了。”我这才挣扎起来，看到窗外的刘夏。见她在我们窗外，边跳边拍手喊道：“韩涛，你快滚出来，都把我冻坏了。”

我没任何犹豫，抓起桌子上的手套、帽子就冲出去了。跑了一半，想起前几天去商场给刘夏买的暖手宝，又折回来。进屋还和老大撞了个正着。

“你疯了吧？这么猛！”老大还没有抱怨完。我已经拿起暖手宝又从他身边窜了出去。我先到热水房，灌了点水。抱着就去见我的小公主了，那感觉我想也只有当年范进中举的时候体验过吧。因为那是你一直想做的事，一直因为不知道怎么开口，那件事情却很意外地让你做到了。怎么能不高兴、不期待呢？

“呃，给你。”我跑到小公主面前，看她冻得脸蛋都发红了，嘴还在不停地哈着气。

“才不要你的，小气鬼，说不理人就不理人了。”刘夏嘟着嘴，转到一边去。

“呃，我错了，这不给你赔不是了嘛。”我赶紧陪着笑脸哄她。“要不给您老作个揖，您老大人不记小人过，就饶了我吧。”说着，我从后面缓缓地抱住了她。

“你讨厌，起开。这次看在你给我买东西的份上，就饶了你吧！”刘夏挣脱我说。就这样，我们又回到了从前。为什么说年轻时候的恋爱就像夏天的雨呢？一出一出的，可能为点小事能吵好几个礼拜，也可能多一句好话就回到从前，像什么也没有发生过一样。

“对了，今天平安夜，你打算送我什么礼物啊？”吃完饭散步回来的路上，刘夏问我。

“我去，不是明天才圣诞节吗？今晚我回去好好想想。”我狡辩说。其实最近一直在为这苦恼呢。

“不许耍赖皮，我可给你准备好了哦。”刘夏敲打着我说，“今晚上完自习你出来，我们去操场走走吧，下雪下得都快不会走路了，也想呼吸一下新鲜的空气。”

“好啊，那我们一起自习去。然后，一块走走。”

"不要，和你一块自习从来都学不进去。马上要考试了，我要好好复习一下。你还是玩你的游戏，我到时候叫你。"

等待的时候，总是那么煎熬，虽然等待的是美妙的事情，煎熬的程度却有增无减，在宿舍里也没有什么事情做。可能是由于快考试的原因吧，连平时最讨厌学习的小四都去上自习了。我在宿舍里无聊地上着网，百无聊赖地看着新闻，音响里放着当前最流行的《狼爱上羊》。论坛里有个关于"到底要不要坚持下去，要不要追求那个女孩"的贴子，被大家讨论得火热。

总算等到了刘夏的电话。我因为还没有准备礼物，就装饰了一个苹果带给她，也算是我自己的创意了。不然大平安夜的，怪不好意思的。

我来到操场，远远地就看到刘夏一身白色羽绒服站在雪里。现在刘夏的头发更长了，都到肩膀以下了。她的特点是从来不带帽子，还说，冻一冻会清醒，会理智。远远地望去，感觉那么神圣、那么不可侵犯，又感觉好像有些陌生。有的时候总是在想，上天怎么会这么青睐我，怎么会把她带到我身边，我要怎样的优秀才能让她幸福呢？不管怎么样，我都要倾尽一生去好好爱她。

"哈哈，平安夜先送你个小礼物，祝你新的一年平平安安、快快乐

图5-18　沙漠里的一片绿洲

乐。”我从后面转到她身前，“不过要回去才可以打开啊。”我在苹果里面存了一颗心形巧克力，巧克力上面写着“爱你一万年”。虽然很是老土，可是限于当时的经济水平和当时的情商，已经是超水平发挥了。在苹果外面我又包上一层彩纸，纸上面贴着我们在不同地方拍的照片，然后放在一个方形的存储盒里。盒子外面当然我也有包装，不然一眼就看到里面了。我在盒子上面自己涂鸦了一只小兔子和一只小青蛙牵着手，分别代表我们俩。

“好，收下啦。谢谢你。我现在也送你个礼物，你也要回去打开。”说着刘夏把一个小盒子放在我口袋里。

“我们跑跑步吧，那样会暖和些！”我提议说。

“涛，我想跳舞，你陪我跳支舞吧！”刘夏说。

“可是我不会啊，今天你又不是不知道，我没有学。”我尴尬地说。

“没事，我教你，我早就会跳。今天最后都是我和老师跳，然后教同学们，呵呵。”

“好啊，哈哈。”

…………

“你怎么这么笨啊，你看我的小皮鞋都被你踩成什么颜色了？”刘夏边捶打我，边在我耳边说我笨。

“都快了嘛。我是第一次呢。我就算悟性高的啦。”我狡辩道，“换作别人，早把你踩坏了。”

“别人，我才不会教他呢。我就教给你。”刘夏慢慢地把头靠在我的肩上。

“好啊，我们以后有的是机会啊，我慢慢跟你学，然后我们跳一辈子。”我傻傻地说。

“呃……来，我们再跳一遍。”

那晚上刘夏非要教会我，就这样在一遍一遍的踩脚中，总算在宿舍关门之前学会了，而且我们慢慢地跳得还不错。脚下的雪倒是快被我们踩成冰了。刘夏特别开心，最后我们索性在踩成的冰上边手拉手跳着舞，边在冰上滑来滑去。好几次我们都滑倒了，坐到了地上。我们的欢笑声回荡在空荡的白色的操场上……

多年以后想起那个夜晚，除了对被我踩得不成样子的小白皮鞋甚是愧疚，便是对刘夏那飘逸的长发和回荡的笑声甚是怀念。有的时候就是这样，我们看来可能很简单的事情，可以复制快乐。可是等到实际来做的时候，就会可悲地发现，重复得已经变了味，复制的也只有伤感。难道我们都老了吗？都到了感觉牵手都很矫情的年龄了？谁知道呢？

5.5 常见的那些“腕儿”

如果在葡萄酒的世界中我们要选出一些明星、“大腕”来，会是谁呢？每个人的口感不一样，审美不一样，在这里我们根据大众的口味来决定谁是“腕儿”。

我们先说一下白兰地中的几个“大腕”吧。

轩尼诗李察（Richard Hennessy），白兰地中的帝王之作。“轩尼诗”是酒厂集团的名称；“李察”是最早经营该企业的创始人的名字，这是轩尼诗里的顶级之作。市场价格为2.5万元左右一瓶。

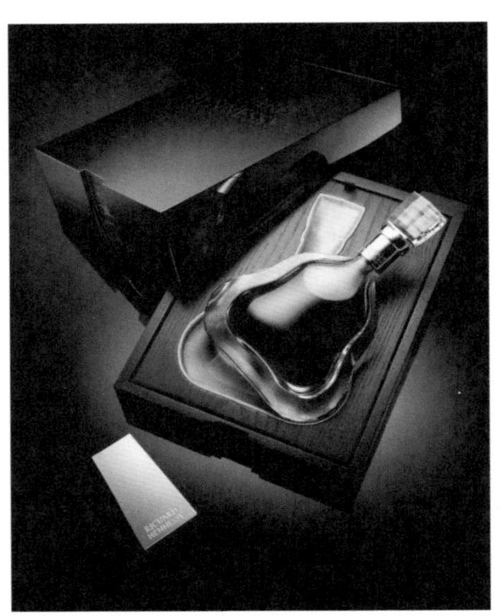

图5-19　轩尼诗李察

人头马路易十三（Remy Martin Louis XIII），即人们常说的人头马。“人头马”也是酒的名称，“路易十三”是人头马产品线中的顶端产品。市场价格在1.5万元左右。

图5-20　人头马路易十三

图5-21　轩尼诗XO

图5-22　人头马XO

在这里需要说明一下，XO是白兰地的一个级别，市场价格也在1000元左右。根据白兰地产品橡木陈酿的年份，白兰地会有不同的分级。而且，具体到每一个国家和地区，对XO的定义还不一样。一般XO是指陈酿至少8年以上的白兰地。当然我们不能只看年份，不同地区可能对酿造方法、选用的葡萄品种等因素都有要求。XO以下，还会有VSOP等级别。

马爹利（MERTELL XO），也是白兰地中的上品，价格1000元左右，可谓与人头马、轩尼诗并称白兰地中的三架马车。

图5-23　马爹利

我们再来说一说另一些洋酒明星。

除了这些“大明星”外，还有许多深受消费者喜爱的“小明星”。

芝华士皇家礼炮21年（Royal Salute 21 year sold），这款是苏格兰威士忌。和白兰地一样同样是蒸馏酒，不过威士忌一般用的原料是大麦、谷物等，市场价格1000元左右。

图5-24　芝华士皇家礼炮21年

尊尼沃克（Johnnie Walker & SONS）公司生产的两款容易饮用的威士忌，分别叫黑方、红方，价格在200元左右，黑的稍贵。

图5-25　尊尼沃克公司生产的两款威士忌

又如百龄坛12年，威士忌，价格200元左右；杰尼丹尼，威士忌，价格200元左右；绝对伏特加，加入马铃薯等蒸馏，价格100元左右；比富达金酒，杜松子为原料酿造，价格100元左右；莫兰朵（MOSCATO），意大利的一款蒸馏酒，一般用葡萄皮渣来酿造，价格100元左右；百利甜酒，来自爱尔兰的奶油威士忌，是女士的终极爱好，价格100元左右。

图5-26　百龄坛

图5-27　杰克丹尼

图5-28　伏特加

图5-29　比富达金酒

图5-30　莫兰朵

图5-31　百利甜酒

极品龙舌兰（Tequila），用龙舌兰蒸馏陈酿后的高酒精饮料，价格百元到千元不等龙舌兰植物，四季常青，几十年开一次花，为龙舌兰酒的原料。

图5-32　极品龙舌兰

至此我们已经介绍了市场上经常见到的明星产品，其实还有好多产品也都很有名。比如说到威士忌中的上品，真正品威士忌的人会选择喝单一威士忌，就是用单一麦芽或者谷物酿造的威士忌，不是勾兑或搭配蒸馏的威士忌。再比如我们经常碰到的巴西咖啡力娇酒、俄罗斯红牌伏特加等产品，说起来真是举不胜举。在以后的生活中，我们要学会慢慢品尝，慢慢找寻和发现那些明星，这也是一个充满乐趣的挑战啊。

第二篇　扩展篇

通过基础篇的学习，我们对于什么是葡萄酒以及葡萄酒的分类、历史、工艺等有了一个全面的认识。你是不是感觉自己已经对红酒有所了解了呢？在熟练掌握基础篇知识的前提下，我们再来学习扩展篇，相信通过这一篇的学习，你定能喜欢上它。

本篇，将教给大家怎么品酒、怎么收藏酒、怎么购买酒等一系列与我们生活息息相关的知识。在学习过程中，我们可以边学习边实践，把它当作对自己的一种鼓励和慰劳，或者当作自己的“牛刀小试”，检验一下前面知识学习得怎么样。

主人公的小故事，好像也没有那么甜蜜，那么无忧无虑。这篇中发生的故事，是否影响着主人公一生的爱情、人生态度呢？无论怎么样，我们精彩的葡萄酒之旅才刚刚上路。失败只有一种，就是半途而废，你愿做那个半途的逃兵吗？

第6章 典型酿酒葡萄品种

在前面的学习中，我们已经对葡萄酒有了初步的了解，你知道酿造葡萄酒所用的葡萄品种并不是我们平时所吃的鲜食葡萄，那么在这一章我们就主要介绍一下这些酿酒葡萄品种。实际运用到生产中的酿酒葡萄品种有3000多个，而书中经常介绍的也有300个左右。我想仅靠这一章就介绍全面不是很现实，所以我们要讲的都是明星中的明星，都是在实际生活中经常碰到的品种。先把这些掌握了，再去慢慢了解其他的吧。

6.1 酿酒葡萄的生态环境

你知道世界上存在的葡萄品种有多少吗？据说有1万多种，有详细记载的也有近万种。而从这些葡萄中选出酿酒葡萄，比古代皇上选妃子还要仔细，还要复杂。比如，我们要求这些长成的“佳丽”酸度适度，糖度和出汁率足够高，如果再有典型的香气和复杂的内涵物就更好了。

这些“佳丽”一个个都这么娇贵，这么难得，那么它们的生活环境是不是应该也“奢华”“优越”到了极点呢？其实相反，它们的生活环境倒是相当苛刻的，如果太优越反而长不成好的酿酒葡萄。下面我们就从气候、土壤、水分、日照四个方面简单给大家描述一下好的酿酒葡萄生长所需要的环境。

6.1.1 气候

纵观全世界，好的葡萄园，好的葡萄种植产区，几乎都位于南北纬的30°～50°，也就是南北半球的温带区域。这点其实很容易理解，太冷的环境，葡萄树都会冻死、冻坏，无法健康地生活；而太热的地带，光合作用强烈，葡萄树生长迅速，枝繁叶茂，相对而言果实质量较差，用这些果实

图6-1　气候

酿造的酒寡淡如水。因为果实生长过快不利于积累芳香性物质和复杂的内涵物。

如果比作人来说的话，就是我们生活的大环境要好。如果国家每天战乱，个人再有才华，也不容易长大成才；而如果环境过于安逸，也很容易让人不思进取。所以说一个好的大环境，无论是对于人还是对于葡萄都是同样重要的。

6.1.2　土壤

土壤对葡萄品种的影响很重要，也相对复杂一些。总的来说，我们需要土壤有好的排水性和透气性，而且土壤尽量贫瘠一些，如果土壤里面含有丰富而特殊的矿物质那就更好了。好的排水性和透气性是保证葡萄能够很好生长的前提。如果排水不好，葡萄很容易因水分过多而窒息死亡；而好的土壤，葡萄更容易扎根于深层，利于葡萄吸取土壤中的矿物质，进而反映到葡萄以及后期的葡萄酒中。为什么要土壤尽量贫瘠一些，因为肥沃的土壤虽利于葡萄枝叶的生长，但是不利于葡萄浆果风味物质的积累。不同的土壤里所含的矿物质不同，土壤的温度不同，甚至土壤造成的小气候也不同，所以不同土壤上长出的葡萄风味也是不一样的。这也应了一句古话："一方水土，养一方人。"葡萄确实也是很讲究地域、土壤的，法国人一直引以为荣的"terror"就是最直观的表现。

图6-2　土壤

6.1.3　水分

水是万物的生命之源，当然酿酒葡萄也不例外，但是葡萄可不喜欢大水漫灌，它喜欢水分一滴滴缓慢地流到根系。葡萄树的根系是为葡萄树供水的"水泵"，但是所有的葡萄树都不适合将树根"泡在水里"。这就是我们强调土壤的排水性和透气性的原因。一般冬季的雨雪对葡萄没有直接的作用，但是土壤水分充足有利于葡萄春季的发芽。另外寒冷多风的地区，冬季的雨雪增加大气和土壤的湿度，从而减轻了枝条的抽干，可以降低病害。春季的降水利于葡萄的生长，但是当降雨量过高时，也容易引发葡萄霜霉病等病害。夏季，在果实膨大期降水还是有利于葡萄生长的，而花期的时候最好不要下雨，不然会影响到葡萄的产量。如果是多雨的夏季，也容易造成病虫害的流行。最关键的秋季，最好艳阳高照、晴空万里，因为多雨的秋季不利于果实糖分和芳香物质等的积累，而且连续下雨很容易发生果实的病害，严重的甚至颗粒无收。

图6-3　水分条件

6.1.4　日照

所谓“万物生长靠太阳”，阳光是植物生长必需的元素，在葡萄树一年的生长周期中有两个关键时期保证阳光充足是非常重要的：开花前后和葡萄转色期。葡萄树的花很小、很娇贵，如果在花期遇到大风大雨，那绝对是个悲剧，落花直接导致葡萄减产，继而造成当年的酒变少。

转色期对红葡萄而言就是葡萄果实从绿色转变成红色的时期，而对白葡萄而言是从青色变成略带黄色的时期。在这一时期如果阴雨绵绵，葡萄浆果接收不到充足的阳光，那后果可想而知——当年的红酒不红。

图6-4　日照

除此之外，光照影响光合作用，光照不足使葡萄的糖分不够，试想不成熟的葡萄果实能酿出怎样的葡萄酒呢？总之，日照越充足，葡萄的成熟度越好，酿制的酒的品质就越高。

"山寨大师"小总结

综上所述，我们可以概括为"Sand，Sea，Sun"，这就是我们经常说的酿酒葡萄喜欢的"3S"地区。

6.2　红葡萄家族中的明星

单从颜色来分，我们知道葡萄酒有两大家族：红葡萄酒和白葡萄酒。而红葡萄酒家族又相当庞大、明星云集。本章我们着重选择红葡萄酒家族中的五个明星介绍一下，因为在各大酒庄我们都能发现它们的身影。在这里我们结合上一节讲的内容提一句，这些葡萄品种固然天资优秀，但如果想要长成优质的利于酿造好红酒的葡萄，也离不开我们之前说的地理、气候、阳光、雨水等。

6.2.1 赤霞珠（Cabernet Sauvignon）

说起红葡萄酒，如果不知道赤霞珠，那恐怕被人笑掉大牙了。赤霞珠是原产于法国、现在全世界都普遍种植的葡萄品种。因为它的果皮厚、果肉少、颜色深，能够为我们提供酿酒所需要的色素和酚类物质，所以用其酿成的酒浓郁厚实、多层次，含丰富的单宁，有着长久的陈年潜质。加之它随和的“脾气”，能够在多个国家和地区很好地生长，因此有人称它为红葡萄品种的酿酒之王。

著名的波尔多五大顶级名庄（拉菲、玛歌、拉图、红颜容、武当）葡萄酒，都是以赤霞珠为主要酿酒品种来酿造的。赤霞珠也会因地域的不同，表现出不同的口感。一般由偏冷地区的赤霞珠酿造的葡萄酒有着黑胡椒、青椒、蔬菜的气息，而由偏热地区的赤霞珠酿成的酒透着黑醋栗、桑葚、黑加仑等浆果味。这些酒如果经过橡木陈酿，就会散发出烟熏、烧烤、巧克力、皮革等复杂的香气。

图6-5　赤霞珠

图6-6　赤霞珠的品感

对于初次接触葡萄酒的朋友来说，可以选择一些单一的只用赤霞珠酿造的葡萄酒来感受一下其独特的香气。至于一些复杂的香气，初次品尝时可能感觉不到，这时候你不要着急，只要喝的酒多了，就能慢慢感觉出来了。

6.2.2　梅洛特（Merlot）

图6-7　梅洛特

如果说赤霞珠是酿造红葡萄酒的葡萄品种中的“王”，那么梅洛特就是葡萄品种中的“后”了。梅洛特，也是原产于法国的葡萄品种，与赤霞珠相较而言它的果香更加浓郁，单宁含量更低一些。用其酿造的葡萄酒入口散发着紫罗兰、玫瑰等花香，仿佛让人置身于一个美丽的花园。而它的单宁质地柔顺，口感以圆润厚实为主，酸度适中，虽极适合陈酿，但能较快达到适饮

期，而不需像赤霞珠一样要等十年、二十年甚至更久，所以在当下更加流行。

刚才说法国波尔多五大名庄以赤霞珠为原料酿造葡萄酒，其实除了赤霞珠外，还用到的葡萄品种就是梅洛特和品丽珠了，由此可见梅洛特在葡萄酒家族中的地位。上好的梅洛特除了散发紫罗兰、玫瑰等花香外，还透着桑葚、李子等水果的香气。如果经过陈酿，一般便带有蘑菇、块菌、皮革、雪松等让人愉悦的香气。

图6-8　梅洛特的品感

如果让初学者来品尝的话，我个人感觉喝一些单品种梅洛特酿造的葡萄酒还是很不错的。因为它没有像赤霞珠那样强劲的单宁，而且果香馥郁，所以是初学者和女士的最佳选择。

6.2.3　黑皮诺（Pinot Noir）

图6-9　黑皮诺

赤霞珠是“王”，梅洛特是“后”，那么黑皮诺就是那刁钻魅惑、难以拒绝的小情人。黑皮诺，原产于法国勃艮第产区，并在勃艮第名声远扬。世界最珍贵的葡萄酒康帝堡就是用单一黑皮诺酿造而成的。

说到黑皮诺，不得不说一下它那难以伺候的性格。它对土壤类型、酸碱度、排水性和气温的变化及空气湿度都极为敏感。温度过高，果实会因成熟过快而缺乏风味；雨水过多，果实则容易染病腐烂。它在排灌良好的白垩质土壤和黏质土壤中以及较为凉爽的气候条件下生长最好。所以说，绝不是什么地区、什么人都可以种植黑皮诺的，那绝对是上天对种植黑皮诺的人的恩赐。

黑皮诺，相较于赤霞珠，皮薄、果粒大。用单一黑皮诺酿造的葡萄酒散发着覆盆子、草莓、樱桃等红色水果的香气，或者夹杂着甘草、红色花朵的香。陈年后的黑皮诺，散发着蘑菇、泥土、松露的香味。

图6-10　黑皮诺的品感

对于初学者来说，不要像电影《杯酒人生》中的主人公一样，除了黑皮诺其他一概不喝，这样过于盲目。因为说实话，用黑皮诺酿酒本身就是一件有风险的事，个人感觉普通的黑皮诺不太适合初学者。黑皮诺品种的一个特性就是酸度比较高，其骨架又偏瘦，总是让人感觉怪怪的。

6.2.4　品丽珠（Cabernet Franc）

品丽珠，也是原产于法国的葡萄品种。它的果粒较小、球形、蓝黑色，果皮比赤霞珠薄。前面我们已经讲过它也是波尔多五大名庄里的常客。可是殊不知，它一般是用来调配果香和提高色泽的。在其他国家中，

图6-11　品丽珠

也很少用其单独酿造葡萄酒，可是优质的葡萄酒中却总是少不了它的身影。它就好比是王和后身边的管家，虽然平时总是感觉不到它，但是缺了它却又不行。

图6-12　品丽珠的品感

由它酿造的红葡萄酒较赤霞珠柔顺易饮、口感细腻、单宁平衡，具有覆盆子、樱桃、紫罗兰、菜椒、蔬菜的味道。一般情况下，酿好的酒都即可饮用，很少用于陈酿。当然，像波尔多右岸名庄白马庄（Cheval Blanc）选用品丽珠的比例高达60%以上的情况实属少见。

6.2.5 西拉（Syrah）

图6-13　西拉

西拉也是原产于法国罗纳谷产区的葡萄品种，现在世界各地都在种植，以罗纳谷和澳洲最为出名。我们经常可以在市场上见到它的身影。它呈圆形，紫黑色，果皮中等厚，肉软汁多，味酸甜。澳洲多以单一品种酿造，用其酿造的葡萄酒酒体中等，酒色深红近黑，酒质细腻、醇厚，酸度相对较低，具有陈年潜力。酿成的酒一般有突出的胡椒、樱桃、肉桂、李子的香气，有的地区酿造的酒也散发着紫罗兰、玫瑰、青草等植物的香气，经过陈年的上乘的西拉会有巧克力、烟熏、松露、野味等味道。而罗纳谷地区一般用西拉和歌海娜（Grenache）、佳丽酿（Carignan）等混合酿造。可以说，西拉以其浑厚柔顺的口感迷倒了不少葡萄酒爱好者。

图6-14　西拉的品感

以上选择了五种比较常见又比较典型的葡萄品种进行介绍，其实每个国家、每个地区都有其特殊或者典型的品种，也都是可以酿造好酒的。比如，意大利的内比奥罗（Nebbiolo）、智利的佳美娜（Camay）、美国的增芳德（Zinfandel）、南非的皮诺塔吉（Pinotage）、阿根廷的梅尔别克（Melbec），等等。

6.3 白葡萄家族中的大腕

红葡萄酒中有明星，白葡萄酒中也是大腕云集。这一节我们就介绍当下最红火、最流行的四种白葡萄品种。如果这时候正是炎炎夏日，那就在读完本节后去葡萄酒专营店选择一款自己喜欢的白葡萄酒带回家和亲朋好友一起分享吧，相信它那优美的风味定当像一丝清风吹掉你一身的浮躁与闷热。

6.3.1 莎当妮（Chardonnay）

图6-15　莎当妮

莎当妮，原产于法国勃艮第地区。由于其适应性强，被誉为“世界上最宽容的葡萄”，是葡萄酒世界中一颗耀眼的明珠，可以说，只要有酿造白葡萄酒的国家，就少不了它的身影。莎当妮，葡萄果粒小、皮薄而极易破碎，成熟时呈黄色，有时带琥珀色。

图6-16　莎当妮的品感

莎当妮葡萄酒“年轻”时呈麦秆黄色，散发出浓郁迷人的苹果、柠檬果香和白色花朵的花香，口感清新活跃，属脆爽型；陈酿后，呈金黄色，晶莹剔透，有成熟桃子、柑橘香以及香草香、新鲜的奶油香和烤面包香，属丰厚浓郁型。而且随着产区环境及酿造工艺的改变，其特性也发生变化。莎当妮是世界上最高贵的白葡萄品种，好多伟大的白葡萄酒都用莎当妮酿造，因此它也被尊称为“白葡萄酒之后”。比如世界闻名的白葡萄酒蒙哈榭（Montrachet）及科尔登—查理曼（Corton-Charlemagne），就是用莎当妮酿造的。

6.3.2　雷司令（Riesling）

图6-17　雷司令

莎当妮是白葡萄酒之后，那么白葡萄酒之王是谁呢？就是眼下的雷司令。它原产于德国，现在全球65%的雷司令也在德国种植，而德国的好酒基本都少不了雷司令的影子。雷司令与莎当妮相比，就挑剔难伺候得多了。它偏爱生长在漫长寒冷的秋冬季，成熟也较晚。正是由于漫长的成熟期，造就了雷司令葡萄酒香味方面的突出表现。

图6-18　雷司令的品感

典型的雷司令品种散发着紫罗兰、玫瑰等白色花朵的香气，也有苹果、梨、柠檬等水果的香味；经过橡木陈酿的酒会散发出柴油、树脂等矿物质的味道。值得一提的是，雷司令葡萄酿造的酒可谓风格多样，从干酒到甜酒，从优质酒、贵腐酒到顶级冰酒，甚至干浆果酒等，应有尽有。

6.3.3　长相思（Sauvignon Blanc）

图6-19　长相思

长相思，原产于法国，也是白葡萄酒的贵族品种。最典型的五大名庄之一的奥比昂白就是用长相思酿造的。其实，长相思最具特色的产地是新西兰，尤其是来自于新西兰马尔伯勒（Marlborough）地区的长相思，深受许多葡萄酒爱好者的钟爱。

图6-20　长相思的品感

用长相思酿造的葡萄酒呈浅黄色，酸味强（强度次于雷司令，大于莎当妮），辛辣口味重，酒香浓郁且风味独具，很容易辨别。用熟透的长相思酿造的葡萄酒，具有柠檬、青苹果或药草的香气，有时带有胡椒的气味；用未熟透的长相思酿造的酒，具有浓郁的猕猴桃、青草气息，接近野草味，很容易让人联想到猫尿味。许多初学者一听猫尿味，想这还怎么喝？都会敬而远之，但是笔者却相当中意长相思，尤其是新西兰和智利的长相思，单独饮用也很不错。

6.3.4　赛美蓉（Semillon）

图6-21　赛美蓉的品感

赛美蓉，原产于法国，经常与长相思相伴出现。其酸度没有长相思高，而且品种香气不足，口味偏甜。但是与长相思一搭配，就会挥发出长相思令人愉悦的酸味和诱人的香气，加之自身浓郁的口感，会让酿成的酒相得益彰。如果陈酿，还会有种特别的蜂蜡与干果的香气。

赛美蓉单一酿酒的情况比较少，最出名的是在波尔多苏玳（Sauternes）地区，与长相思搭配酿造世界上最好的贵腐甜酒。比如，昂贵的贵腐甜酒伊甘酒（Chateau d`Yquem）就是用80%的赛美蓉和20%的长相思酿造而成的。其实在澳大利亚猎人谷，酿酒师也经常用赛美蓉和莎当妮搭配，酿造的白葡萄酒也是很有特点的。

山寨大师小总结

看到我写的每一个葡萄品种酿造的葡萄酒都美得不得了，都是花香、果香浓郁，都是层次复杂，回味无穷，但等自己喝的时候却总是感觉没有那么好，就会灰心丧气、半途而废了。喝下去，去尝试不同的葡萄酒，不到一年时间你也会发现之前不敏感的香味都感觉出来了，品不出来的也慢慢品出点东西了。到时候你就发现其实这些酒都是相通的，但又是不同的，每款酒都有自己的特点，那时候你将会感到其乐无穷。

6.4 迷住了初次见面的她

每个葡萄品种本身都有自己独特的品种特性，即使相同的品种在不同的地区，被不同的酿酒师运用，也会表现出不同的特点，所以造就了每一瓶独一无二的葡萄酒。这就好比我们每一个人，都有自己的性格，有自己的脾气，都是一个个完全不同的个体。而我们和自己喜欢的每一瓶葡萄酒结缘，肯定是由于它身上有其他葡萄酒不具备的而你又所中意的特点。像极了电影里面的一见钟情，你们两个第一次接触，“Falling in love”了。

6.4.1 葡萄酒初体验

先说一下干白葡萄酒吧。喝莎当妮时，一般年轻的莎当妮都有种青苹果、柠檬的香气，而经过橡木陈酿的莎当妮，一般会散发着奶油、橡木烘烤、熟透的桃子的香味。而喝长相思时，我们会明显地感到所谓的猫尿味，其实更像是青草、野草味，还有些许的猕猴桃味道。当你喝雷司令的时候，第一感觉就是酸，明显地比莎当妮和长相思酸，有种突出的石油树脂的香味。一般赛美蓉很少单独用于酿造葡萄酒，它的特点是肥硕、甜蜜，有蜂蜜、花朵的香味。

其实写这些，对于经常喝酒的人来说全是漏洞，因为确实没法准确又全面地用一个词、一句话来表达出一类酒的特点。在这里只是希望读者能够更容易地记住那些香味，记住它们的典型特点。

继续说干红葡萄酒吧。喝赤霞珠，一般能明显地感觉到有种青椒、蔬菜的味道，当然经过橡木陈酿后，会散发出巧克力、皮革、烧烤等的香味。喝梅洛特时，会感觉有明显的黑莓、黑加仑、桑葚等水果的香气，橡木陈酿后也夹杂着烟熏、皮革、可可豆等香气。喝西拉时，一般有明显的肉桂、胡椒等佐料香。品丽珠很少单品种酿造，一般有覆盆子、樱桃、紫罗兰花香的味道。黑皮诺是这里面最轻盈、最优雅的一个品种，它一般有樱桃、玫瑰花等香味，陈酿后会散发出蘑菇菌、松露等香味。它们的酒体厚重顺序一般是黑皮诺 < 品丽珠 < 梅洛特 < 西拉 < 赤霞珠。

最后再说明一下，以上说的都是些最直观的感觉，而且多是些我们平

图6-22　影影绰绰的葡萄园

时日常喝的佐餐酒的特点。如果是上好的酒，它们的特点没有那么简单，香气都相当复杂，口感也层次多变。另外，大家可以发现，一般没有经过橡木陈酿的葡萄酒多是表现葡萄品种当地风土本身的特性，而经过橡木陈酿后，口感、香气就复杂多了。

6.4.2 迷上了她

每次说到那让人着迷的葡萄酒，总是让我想起那同样让人着迷的我的青春。你可以第一次喝长相思，就被它那独特的香味所吸引；也可以第一次喝黑皮诺，为它那细腻、优雅的风格而痴迷；当然你肯定也可以第一次碰到你的她（他），就已经被她（他）身上那特有的气质所吸引。

新鲜、兴奋、开心的大一就在不知不觉中度过了，转眼间，我已经变成师哥了。也像一年前师哥接我们的时候一样，去火车站接待我们的师弟、师妹。那种感觉，说实话还是蛮棒的，因为总算不用头顶着“Freshmen”到处感觉傻愣傻愣的了，不过当时却没有高兴的理由。因

图6-23 葡萄庄园建设得井井有条

为刘夏再没有来到学校，她出国了，去了俄罗斯。记得当时总是接受不了那个事实，也总是感觉她好像在和我捉迷藏一样，因为周围的一切都没有变，可是只剩下我自己了。对，还有那被拉长的影子。从那时候起，终于知道有个词叫作“形单影只”了。

不过，我倒不是那种寻死觅活想不开的人。在连续七天不分白天黑夜地玩游戏后，有一天下午我突然感觉身体都不是我的了，内心在呼唤着，我要找回自己。就那样，我洗了个澡，从下午五点睡到第二天的一点多，好像一切都结束了，好像超脱了一样，我又回来了。只是有的时候，看到一些东西会不由自主地情绪低落。

我在选修课必逃、必修课选逃的情况下，日子有一搭没一搭地过着，总感觉没有多少新意。为了表示对小师弟的关照与爱护，体现葡萄酒学院的人文关怀，在小师弟进学校不久后，我们就组织了一场篮球友谊赛。那场篮球赛，当然没有多少悬念，我们轻松地教训了小师弟，就像当年师哥教训我们一样。那场比赛的内容倒是不记得了，但是那天比完赛去食堂庆祝的路上发生的故事却让我无法忘记。

“哎，小雨，就是这个男孩，要不是他，我们也不会输！”由于我接受了校报的采访，走在朋友们的后面结果听到两个女孩在背后议论我。

“嗯，知道，我讨厌他！”有个女孩很坚定地说。

当时听着很生气，就回头准备教训一下她们，“你说什……”我的话说了半句，结果被后面的那个说讨厌的女孩强大的气场震住了。我落荒而逃，追赶走在前面的兄弟去了。其实当时与其说被她的气场震住，不如说是被她的美丽和清纯所打动。套用一个俗不可耐的词语来形容，就是出水芙蓉，而且说实话，她那眼神和刘夏的很像，那么调皮，那么坚定，以至于在她面前自己乱了阵脚。现在想来，原来我们都喜欢那么一类的人，无论我们怎么改变，喜欢的那一类大体上都拥有同样的气质。就像我们喜欢葡萄酒一样，有的人喜欢口感浓郁的，有的喜欢口感淡雅的，有的喜欢水果、花香馥郁的，有的喜欢烟熏、烧烤味浓烈的。每个人都有自己的审美观，无论这款酒别人怎么看，我们自己喜欢与否还是与自己内心的那个小爱好分不开的。

就这样，以后的日子突然又阳光灿烂起来了。每天准时早起，准时

图6-24　葡萄酒在葡萄牙杜罗河谷上运输

上教学楼，准时等着下课，目的只有一个，就是希望有一天能够看她一眼，只要能看一眼就很开心。现在想想真是佩服自己大学时的激情啊，就像夏天的韭菜一茬一茬的，失恋后重新喜欢上另外的人，怎么就那么容易呢？

喜欢是喜欢上了，可问题的关键是：我喜欢得一塌糊涂，而她却毫不知情，恐怕还很讨厌我。我甚是苦恼，也不知道如何接近她。记得那时候的事就是每天等着去上课，然后又等着下课，等着去食堂，可谓是痴迷了。现在想想，只有在喝到一瓶自己喜欢的好酒的时候，才会又重温起那时的渴望与痴迷……

第7章　葡萄酒的品尝

前面我们介绍了很多与葡萄酒相关的知识，包括它的历史、工艺和分类等，其实都有一个共同的目的——使我们能够正确地理解和品尝葡萄酒。大家不要忘了，葡萄酒的本质就是给饮者带来欢快，带来喜悦，带来感官上的享受。本章和大家一起探讨关于葡萄酒品尝的一些小技巧、小方法，希望能帮助读者更好地理解、享受葡萄酒。

7.1　品尝前的准备

性子急的朋友，早就不耐烦了吧？朋友都到了，开喝吧。来，干杯！干杯！干杯！前提是我们应该把开席之前的准备工作做充分了，不然很可能坏了我们整场聚会的兴致。

7.1.1　饮用温度很重要

喝葡萄酒不知道饮用温度，就好比一个美女不知道季节冷暖，在炎炎夏日穿着羽绒服到处走。合适的饮用温度之于葡萄酒，就好比一件合适的衣服之于漂亮女孩，会让她焕发魅力光彩。

如果你细心的话，就在平时喝葡萄酒的时候也注意到温度问题了。比如，喝一瓶干白葡萄酒，如果温度过高的话，你会感到酒的香气都被挥发的酒精给盖住了，而且喝到嘴里也感觉闷闷的，有种不愉快的感觉；喝干红时，若温度过低，你会感到这款酒基本没有香味，显得过于单调，过于普通，平衡性也不好。

其实，温度越高，酒精挥发得越快，酒精感越重；温度越低，香气物质散发得越慢，好像被封闭了似的（但低温度能够掩盖酒的某些缺陷，而且也会使人对葡萄酒的酸性不那么敏感）。所以我们可以简单地这样说，喝红葡萄酒时的温度要高一些，为了让它的香气更好地散发出来；喝白葡萄酒的时候，我们一般会把温度控制得低一些，为了能够使酒更加清爽。

图7-1　葡萄酒温度计

图7-2　侍酒师在测量酒的温度

下面列出不同葡萄酒的饮用温度，仅供参考。

- 甜白葡萄酒：4℃～8℃。
- 香槟、起泡酒：6℃～8℃。
- 清淡干白酒：8℃～10℃。
- 浓郁干白酒：10℃～12℃。
- 桃红葡萄酒：12℃～14℃。
- 清淡干红酒：14℃～16℃。
- 浓郁干红酒：16℃～18℃。

7.1.2　饮用顺序要牢记

知道各种葡萄酒的饮用温度了，那么就需要在聚会前，让甜酒、干白酒、香槟、桃红葡萄酒等需要低温饮用的酒在冰桶里冰好，这样才不会在喝的时候手忙脚乱。除了饮用温度，我们还需要知道葡萄酒的品尝顺序。比如，我们一般不会在品尝葡萄酒的时候先喝甜酒，也不会先喝浓郁的干红，而是先从一些口感清淡的干白或者起泡酒开始。

一般情况下，我们在葡萄酒晚宴中都会按照组织者的安排来品尝葡萄酒。组织者都是葡萄酒饮食配餐的行家，很少出现饮用顺序错误。晚宴开始之前，组织者会打开已经冰好的开胃酒，如香槟、起泡酒等；而晚宴中会根据不同的主食搭配不同的葡萄酒，但是顺序一般是先干白、香槟，

图7-3　冰镇葡萄酒

后干红；等晚宴结束时，一般都会提供餐后酒，如一些甜葡萄酒或者波特酒、冰酒等，用于搭配饭后甜点，这样会让你对今晚的晚宴有一个甜蜜美妙的回忆。

而我们自己在品尝葡萄酒的时候，一般遵循“先清淡，后浓郁；先干酒，后甜酒”的原则，因为这样的顺序能更好地防止前面的酒掩盖了后面的酒的风味。我们经常说的“先白后红，先新年份的酒、后老年份的酒”，其实是很有道理的。当然这些品尝顺序不是一成不变的，我们要根据需要灵活改变。总之，目的只有一个：尽可能地减少前面饮用的酒对后面饮用的酒的影响，从而使品尝的每一款酒的风味都尽量完整地呈现在我们面前。

7.1.3　优雅地拿杯

前期的准备活动都做好了，剩下的就是拿起杯子开喝了。可是你在拿起杯子的时候，是否察觉到与别人的不同呢？你是不是还在学着一些不专业的影视作品中的人物手握酒杯肚和人家干杯呢？如果是这样的话，下面你可要好好学学了。

图7-4　握杯取酒示意图

其实很简单，我们记住一个原则就好：尽量不要让我们的体温影响到酒杯里的葡萄酒的酒温。所以拿杯子的时候，最忌讳用手托着杯肚来回和别人干杯，那样很容易让别人认为你不懂葡萄酒。不托着杯肚，我们只好握杯腿和杯脚了。一般情况下，我们都会用手握着杯腿，至于你是用哪几根手指握，那是你的习惯，无可厚非。当然也会有人说，正确的方式应该是——用拇指、食指、中指握住杯腿，用无名指托住杯脚，小指随意，这样看上去更优雅、更稳定，还不会洒落酒液。其实我看都还好，怎么舒服怎么来，在不影响到酒温的情况下，依个人习惯就好。

提示

握杯肚的情况一般是在喝威士忌、白兰地的时候，握的都是方形口杯状的威士忌杯。

7.2　品出个色、香、味

每一个喜欢却又是初次接触葡萄酒的人，可能都有过这样的经历：买一本葡萄酒品尝的书籍，首先查看目录，找到品尝这一章节，然后照着书上写的去做。可是每一个这么做的人，又都会失望。因为品尝葡萄酒就好比我们打太极拳，只有对所有的葡萄酒基础知识都很熟悉又经常练习的人，才能够品得游刃有余，达到炉火纯青的地步。坦白说，我没有那个水平能够让大家通过一个小节的学习就变成“酒界高手”，这里只是教大家一个方法，只有通过在实践中的反复的磨炼、运用，才能成为真正的“大师”级人物。

7.2.1 色

品尝葡萄酒，第一个感觉应该是酒的外观，我们称其为“色”，就是通过观察它的外表初步认识这个葡萄酒怎么样。当然，这里的“色”可不仅仅指的是“颜色”，下面我从气泡、颜色、澄清度、流动性四方面展开介绍。

对于葡萄酒的观察，从其倒入杯中的那一刻就开始了。倒酒时，葡萄酒在酒杯中形成的气泡比水的气泡小，且在表面形成几个较大的气泡，保留的时间要长些。新葡萄酒的气泡有时有色，而成年葡萄酒的气泡则无色。对于气泡的观察，一般是看起泡葡萄酒。如果起泡葡萄酒像加气矿泉水一样，突然释放出大气泡，说明这款酒的二次发酵过程太过粗糙、太快；如果起泡葡萄酒的起泡不够细腻，持续时间不长，也说明这款酒很一般。

将葡萄酒倒入杯中后，一般手持酒杯倾斜45°即可观察酒的颜色。首先观察葡萄酒的基本色调是红色、白色，还是粉色；接着需要观察葡萄酒的深浅度，也就是色度，看这个红色是紫红色，还是宝石红色，或者是砖红色等。一般情况下，白葡萄酒随着年龄的增加，颜色会加深，比如最初是麦秆黄色，陈酿几年后可能就变成了金黄色；而红葡萄酒则随着年龄的增加色度逐渐变浅，比如由以前的酱紫红色变成了后来的砖红色。

图7-5 陈年葡萄酒颜色变化图

通过颜色的不同，我们可以推断出葡萄的品种，甚至葡萄种植地的气候。一般来说，果粒小、皮厚的葡萄品种颜色深，而果粒大、皮薄的品种则颜色浅一些；同一品种，在凉爽地区种植的葡萄比在炎热地区种植的葡萄酿造出来的酒的颜色要浅。当然，观察葡萄酒颜色的变化，没有我们说得这么简单。比如，通过观察边缘至中心部分过渡区域的宽窄可以判断陈年时间的长短。这些都是需要基于我们大量的实践经验总结出来的东西，仅可意会，难以言表。

酒液倒入杯中后，除了观察颜色的色度和色调，还需要观察一下酒液的澄清度：是否澄清，是否有光泽，是否有沉淀，是否有木屑、杂质等。这些指标也有利于我们判断这款酒是否健康，是否正常。比如，你可能偶尔会发现，有的酒有些许的絮状沉淀，会显得浑浊、没有光泽等。其实这些都代表着这款酒出现了某些问题：可能是过度氧化造成失光了，可能铜盐水解形成沉淀了，当然也可能是正常的少许的酒石酸沉淀。最后判断这款酒是否足够健康、正常，最终还需要我们作多方面的比较。

最后说一下挂杯现象，也就是葡萄酒的流动性。首先要强调，挂杯度不是判断葡萄酒好坏的唯一标准。千万不要错误地认为，因为它挂杯好，这款酒就好。其实引起挂杯是因为葡萄酒液内含有糖、酒精、甘油等成分，如果这些成分含量多，那挂杯就明显、持久、流畅；相反，则不明显或者不挂杯。但一般来说，好酒都是挂杯不错的酒，因为从一个侧面说明这款酒的内涵物丰富，经得起陈年。

7.2.2 香

不知道你想过没有，如果一款酒用满分一百分来品评的话，你会拿出多少分来评价它的香气？如果是我，我会拿出40分甚至50分来作为这款酒好坏的一个评分比例。可能我们平时注重的都是这款酒在口腔里的感觉，但往往忽视了香气的作用。试想一下，其实这款酒你喜欢与否很大程度上都是由香气来决定的。大家可能有些迷糊，因为你会发现，一个品种里的香气在另一个品种中也许也能找到。不要着急，就是这样的。比如年轻葡萄酒里面多少都会有些水果的香气；经过橡木桶陈酿的酒多少都会有烧烤的烟熏味等；而陈酿时间久的老酒，又会有些类似动物皮毛的香气。以上说的这三种情况，大致概括了葡萄酒中的三类香气。

- 第一类香气　即果香和植物香气，是果实自身含有的香气物质呈现的香气。果酸、多酚类物质为主要香气物质，它会随着陈酿时间而逐渐减弱。这种香味一般在年轻类新酒里面会比较明显。

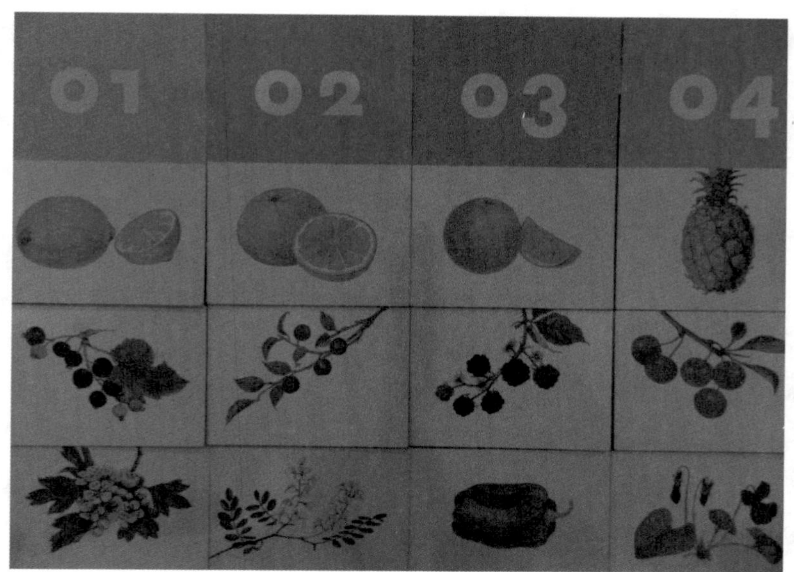

图7-6　第一类香气

- 第二类香气　即发酵香和酒香，是在葡萄发酵过程中产生的香气。醇类、酯类、乳酸等为主要香气物质。

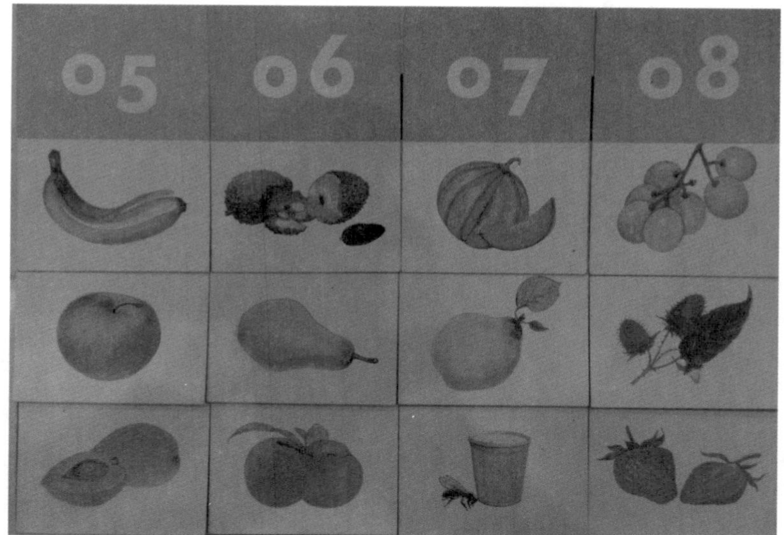

图7-7　第二类香气

- 第三类香气　即陈酿香和酒香，是由葡萄酒在出厂前或装瓶后陈酿过程中产生的香气，多是由于氧化还原反应、酯化反应、橡木桶的浸提和微生物水解而产生的。

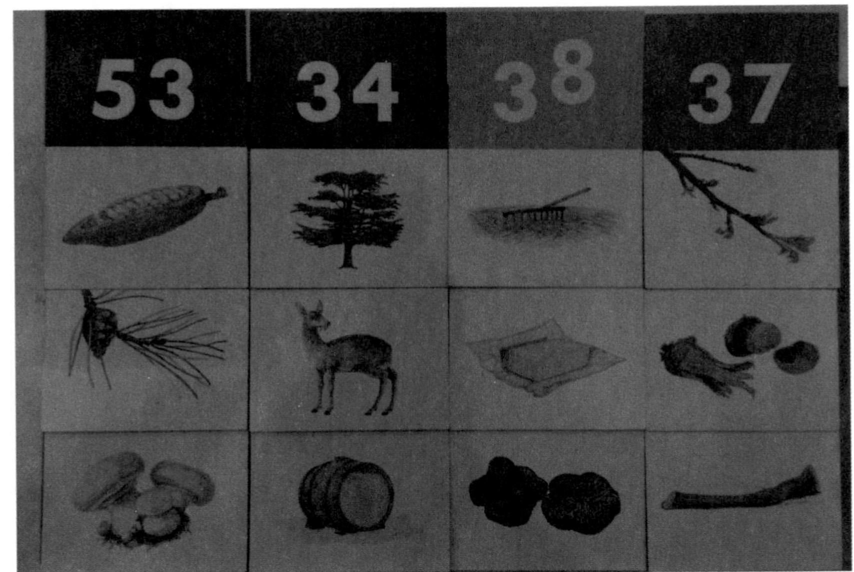

图7-8　第三类香气

不难看出，即使是同一地区、同一葡萄品种，经过橡木桶陈酿和没有经过橡木桶陈酿的酒所含的香味物质也不一样。甚至都经过橡木桶陈酿，储存1年和储存10年里面所含的香味物质也是不同的。同一葡萄品种，因为地理位置不同、土壤不同，其酿造出来的酒所呈现的第一类香气也会有所区别。所以，在品尝葡萄酒时仔细体会它的香味是一件很美妙的事，但同时也是一件很有挑战性的事情。

最后简单介绍一下在喝酒过程中怎么闻的问题。是不是直接凑上鼻子就闻？不是，闻葡萄酒也有些技巧。在理论上，我们有静态闻香、摇杯后闻香和振荡后闻香三种基本方法。

- 静态闻香。先发现挥发性强的物质，如果挥发酸高或者有木塞味，在此时最容易判断。
- 摇杯后闻香。正常的也是最主要的闻香方式。平时品酒时，我们经常要摇杯后闻香，就是闻香前轻轻摇晃酒杯，让空气尽可能接触酒杯中的酒，让酒液被充分唤醒；然后将肺部气体排出，短促地或者深而柔和地吸取酒杯内的香气；最后要迅速抓住香气成分，立刻做出反应，不然嗅觉容易钝化，闻不出什么香味来了。
- 振荡后闻香。很少用，主要在寻找葡萄酒缺陷时使用。

图7-9　闻香

7.2.3　味

“色”“香”都完成了，接下来就该品“味”了。我们介绍如何品尝之前，先跟大家讲一下舌头的构造，让大家明白为什么第一感觉是这个味道，而不是那个味道。

舌头最前端是甜味感受区域，因此我们经常会感觉第一口有甜味，或者有酒精的炙热感，都是由它来感应的。而侧面和中间是酸涩味的感受区域。这也从一个侧面告诉我们，酒液在口腔中的变化先是令人愉快的甜再是酸涩。这个时间段的长短能说明这款酒的好坏。一般说来，由甜到酸涩的时间充裕、悠长的，我们称之为味道持续；而甜味很快就被酸涩味取代的，我们称之为味短。舌头的最后端是苦味区，在一些工艺有问题或受微生物病害感染的葡萄酒中，苦味占有非常明显的主导地位。这里说点题外话，我们前面在讲酒杯的时候说过，不同的酒要用不同的酒杯。其中一个原因就是——不同的酒杯，因为其杯沿、杯壁的不同，会使酒液最先到达口腔的味觉感受区域不同，所以我们要根据这款酒的特点选择不同的酒杯。

好了，下面我们来讲怎么品酒。首先，我们将酒液吸入口腔约10ml（不多不少就好），轻微低头，吸入口腔空气，空气与酒液在口腔中混

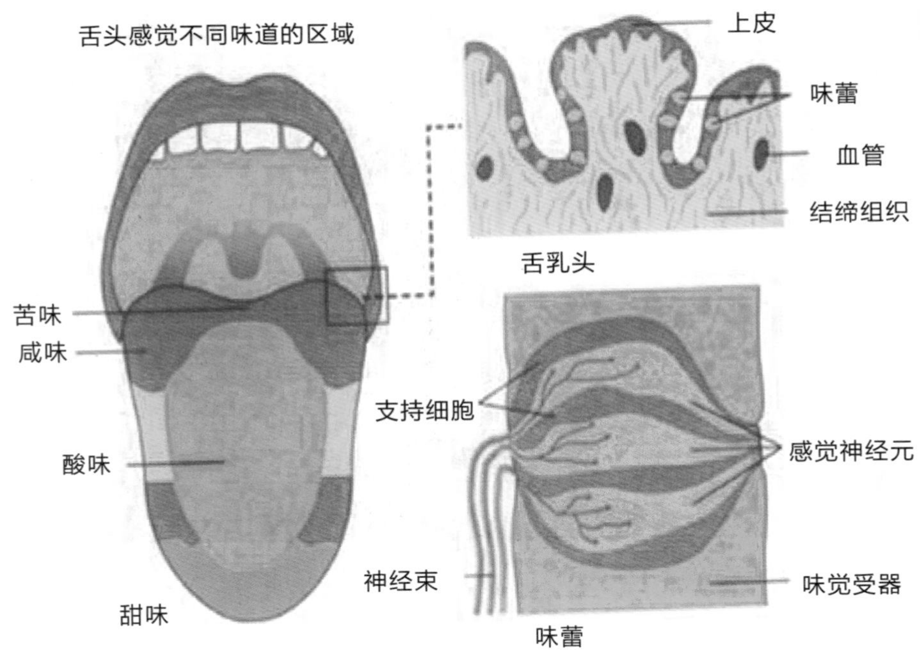

图7-10　味蕾

合，使酒香在口腔中充分焕发出来；然后咀嚼葡萄酒液，让其与口腔充分接触，让酒前后往返于舌面；最后将吸入的空气由鼻腔呼出，让酒在口腔中保持一定时间（大约12秒）后，咽下或者吐出。

在整个品尝过程中，我们要注意以下要素：酒的味觉变化、酒体结构的平衡性、回味性、个性化。首先，我们要感受一款酒中包含的酸甜苦涩在你味蕾上的变化；然后，通过感受它们的变化来判断这款酒酒体如何，是否平衡；最后，我们要看一下这款酒的回味如何，是否令人愉快，时间是否长。如果这款酒在以上各方面都不错，而且还拥有自己独特的口感，那就可以称得上是一款上等的好酒了。

图7-11　品尝

关于上面说的酒体平衡性问题，我再简单介绍一下。如果一款酒酒体不行、平衡性不好，那基本就可以断定它不是什么好酒了，因为那是酒最基本的要求。什么是葡萄酒的酒体？这个被无数人说了无数遍的词语，顾名思义，就是酒里面所含有的东西对整个口腔造成的重量感，而影响酒体的因素有含糖量、酒精度、浸出物含量、酸度、单宁等。酒体是否平衡，其实就是指酒中的酸、甜、涩味是否和谐，是否有一种物质抢了风头。

就白葡萄酒来说，我们会看这款酒的酸、甜是否很好地结合。如果白葡萄酒没有酸味，就像一个人失去了灵魂，因为酸是葡萄酒的生命和活力，缺酸的酒会使人一点胃口也没有，让人提不起兴趣。但如果一款白葡萄酒酸味过于明显，而得不到甜味的平衡，那就会偏于瘦弱，好比一个人干巴巴地杵在那里，没有一点肉，一点不匀称。这样的酒喝起来感觉平淡、干酸、不愉快的。只有在酸甜平衡的情况下，喝起来才会柔顺、平衡、舒服。

红葡萄酒要比白葡萄酒更加复杂些，因为它除了酸、甜这两个明显的味觉外，还有一个涩味。其实涩是一种由单宁引起口腔黏膜收敛的感觉，在红葡萄酒中它会和酸一起构成骨架，而同样的，骨架上的肉需要甜来填充，甜可以是酒内的残糖，也可以来自酒醇。所以与白葡萄酒不同，我们除了照顾酸涩和甜之间的平衡外，我们还要照顾酸和涩之间的平衡。如果酸很高的话，单宁就会相对低一些，这样两者可能会平衡掉甜。其实，它们三个是相辅相成的。只有三者都合适的时候，才会让品尝者感觉到愉快，感觉到享受。在感受平衡的同时，我们也要感受单宁是否细腻、柔顺。一般，优质的单宁都是很细腻的，而劣质的单宁多是粗糙的。单宁的好坏从一个层次上也决定了酒的好坏。

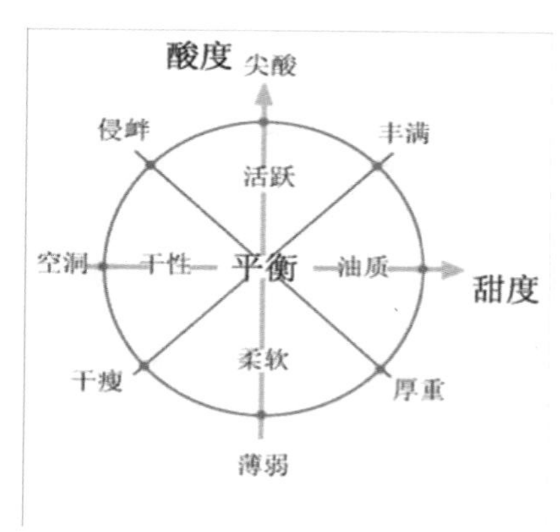

图7-12　白葡萄酒的口感平衡：甜＋酸

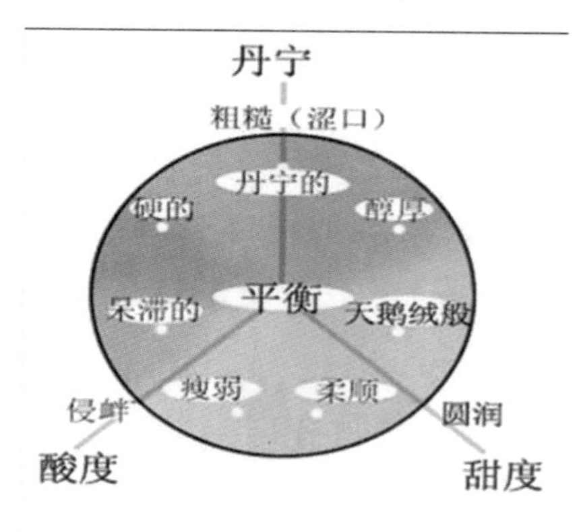

图7-13　红葡萄酒的口感平衡：甜+酸+涩

图7-14　中国夏桐酒庄葡萄园

品尝的最后我们解释解释余味的问题。何为余味？余味是指在我们咽下或吐出葡萄酒后，口中的感觉并不会立即消失，而是保留着酒本身所拥有的香气、味道。因为在口腔、咽部、鼻腔中还充满着葡萄酒及其蒸汽，还有很多感觉继续存在，它是逐渐降低直至最后消失的。而这个余味，可以是令人愉悦的，也可以是有缺陷的。如果说平衡性决定这款酒是否是一款合格的酒，那么余味决定这款酒合格后，是否能够达到优秀的标准了。

7.3　天赋+用心+修养=大师

成为葡萄酒大师，可能是每个葡萄酒爱好者梦寐以求的事情。我不是大师，在这里说如何成为葡萄酒大师，多少有些牵强。本节就权且为大家抛砖引玉，希望读者能够通过自己的努力成为一名优秀的葡萄酒大师。

7.3.1　大师的共性

好的天赋是成功的一半，可以毫不夸张地这样说。你见过那种只喝过一次酒，就能够在第二次喝的时候迅速辨认出来的人吗？如果你认为遇到这样的人多少来得有些偶然，那你见过那种对喝过的勃艮第地区600多个一级酒庄随时都能娓娓道来的人吗？这个人只需要将葡萄酒喝入口中几秒钟后再吐出，便能品评出来。这下你佩服了吧？他就是法国著名品酒大师Michel Bettane，他的天赋不得不佩服。说到天赋，你会发现每个葡萄酒大师的天赋都是好得不得了。比如最知名的美国品酒师Robert Parker，他同样是天赋了得。他品评的酒，按自己的标准给出分数，可以做到第二次打的分和第一次差不多。当然我们在这里不是标榜天赋，不是说只有拥有这样超群天赋的人才能成为葡萄酒大师。毕竟，像这样的天赋可谓是上天赐予的可遇不可求的礼物。要说的是，多数人所拥有的父母给予的敏锐的感官功能是我们成为大师的基础，但仅仅有灵敏的感官是不够的，还需要用心的后天努力。

图7-15　法国著名品酒大师Michel Bettane

图7-16　美国著名酒评家Robert Parker

用心，我想这应该是每个成为大师的人对于后辈的忠告吧。做到用心记忆是成为大师的关键。喝过的不同品种、不同地区、不同年份、不同酿酒师酿造的酒，能够很好地做出感官反应，同时又能够迅速地记忆下来，是件很了不起的事。因为只有你拥有很好的记忆，才能够在下一次品尝的时候，拿出来比较，做出辨别。当你的大脑存储的信息已经达到随用随取的地步时，你也就达到大师级别了。

即使个人能力再强大，个人水平多了不起，千万不要忘记个人的修养。因为只有修养跟得上的人，才能配得上大师的称号。如果一个葡萄酒大师，因为某些利益或者什么原因，不能够公正地去品评一款葡萄酒，那将是件很糟糕的事情。不要忘了，你的能力越大，责任就会越大。

7.3.2 峰回路转

我迷上了一个叫小雨的女孩，正在为不知如何向她献殷勤而苦恼的时候，机会来了——一年一度的学校运动会即将召开。

忘了交代，我从小练体育，只是到了高中的时候，父母怕我太累，没再坚持让我练下去。虽然如此，凭这样的好“底子”，那一群只知道苦读文化课的老实巴交的学生哪能跟我比，每年的校运动会就是我表现的舞台。

记得我当时报了一个100米、一个5000米，而这两个项目都被学校安排在了最后一天下午。运动会三天，前两天没有事情，我就充当志愿者，目的是运动会期间可以骑着单车来回串，那样我就可以看到小雨了。

终于到了第三天。那天下午一点钟是百米决赛，我起跑出奇的好，正

图7-17　旅游度假村

为自己沾沾自喜的时候，突然发现旁边有两个高个子已经赶上我了。还没来得及反应，突然听到小雨在跑道旁大声喊“韩涛快跑!快跑！”我整个人就像插了电一样，拼了命向前冲……结果当然是我第一个冲过了终点。

跑完100米下来后，我竟然鬼使神差地走到小雨面前，说了声“谢谢”。她当时脸一红，只说了句“傻样”就走开了。接下来就是5000米比赛。原来在体校那阵子练的就是中长跑，所以这对我来说就是小菜一碟。一切按自己的节奏，我已经跑到第二名了，前面是一个貌似很厉害的体育生，但我们的距离完全在我可以赶超的范围之内。我每次跑到小雨她们班级那里，都会看小雨一眼向她挥一挥手，随即掀起一阵打闹取笑声。那会儿的心情就是用一瓶上等的拉菲来换，我都不换。就这样，终于等到最后一圈，我正准备要发力冲刺上演一出惊天大超越的时候，有个人突然抱住了我。

“哎，哎，你跑完了。停下，停下！”

“有这事？我少跑一圈？我数着明明还有一圈啊？”我心里想着。

“挺好的了，真没有发现啊，平时看你嘻嘻哈哈的，原来这么有实力啊！”

“是啊，我兄弟能差？第三名呢！”老大也走过来，给我送衣服。

“什么？第三？开什么玩笑啊！”我惊讶地看着老大。

“不错啊，韩涛，没想到还能跑个第三啊，你赶快休息下，过会儿还有4×100米和4×400米接力呢，咱们院还靠你呢！”体育委员郭天波过来和我说。

“先慢着，谁第一啊？”

“咱学院的一个小孩，还挺厉害呢，一上来，你就在最后，人家在最前面，一直都在最前面，比你快不少呢。”班长也走过来了。

“我以为是那体育生第一呢，还想超他！哎，幸好是咱们学院的第一，不然肠子都悔青了，红颜祸水啊，我只顾着看妞了，数错圈了。”我悻悻地说。

被大家簇拥着回到了学院里，路上见小雨班的女生都冲我笑，而独不见小雨了，我也没好意思问。就坐下休息会儿，补充点水。没多久，操场上又开始比赛了——女子3000米。

“呃？那不是小雨吗？”原来她也参加比赛了。我全身又像插了电，马上从座位弹起来冲向操场，跟着小雨跑了起来（虽然规定不允许带跑，但因为和几个督查老师关系都不错，他们也就睁一只眼闭一只眼了）。

“你也参加跑步啊？”我不知道说什么好。

“是，我还不知道能不能跑下来呢，我们班长非要给我报个名。”

“挺好的，重在参与嘛。我陪你一块跑。”

“不要了，老师不让，再说学校人都看着呢。你不是刚跑完吗？不累吗？”

“不累，看到你就不累了，哈哈。”

“你少胡说。我都跑不动了，累死了！”小雨喘着粗气和我说。

“要不我牵着你手跑吧？”我试探着问。

“才不要呢，多不好。”

…………

我就这样和她有一搭没一搭地边聊边跑。后来她确实跑不动了，所以到最后冲刺的阶段，她终于没有拒绝让我牵她的手。就这样我们第一次牵手了，那会儿我还不知道她叫罗念雨。

下来后，她没有回宿舍休息。可能是因为剩下的比赛是最好看的接力赛，也可能是因为还有我参加吧。接力赛中我们发挥之出色，现在想想都热血沸腾。尤其是4×400米，我们院第一名。而最后一棒，由我完成超

图7-18　海滩边的偎依

越。那感觉棒极了，就像是把压抑已久的所有怨恨、不愉快一下子扫清一样，让我获得了重生。是小雨又给了我爱的勇气，给了我爱的理由，让我重新感觉活着是这样的美好。

7.4 葡萄酒表达有方

葡萄酒的整个品尝过程，说白了，其实包含三个最基本的步骤：正确地反应、正确地评价、正确地表达。我们品尝葡萄酒，就是对葡萄酒整体，无论是颜色、香气，还是味道，做出一个生理反应的过程；在做出正确的生理反应的同时，我们总会在心里根据自己的经验、自己以往存储的品酒纪录，对所品尝的葡萄酒做一个正确的评价；最后剩下的就是我们要正确地表达出来对酒的感受。只有你能够准确无误地表达出来，才达到品尝的效果，才实现品尝的目的，而不至于喝完所有的酒后，都只会说句“好”“一般”“坏”。

图7-19　智利埃德华兹酒庄黑牌获得法国国际葡萄酒挑战赛金奖

7.4.1 三种评语表达

我们这里给大家介绍一下常见的三种书面表达评语：简单评语、正常评语、详细评语。无论哪一种，我们都要抱着同一个原则：对酒的描述做到准确、清楚。因为我们即时的评语基本固定了当时的想法，这样有利于我们日后回忆，从而完善大脑中对酒的存储，继而提高我们的品尝水平。下面以智利Colchagua Valley产区爱德华兹酒园的Dona Bernarda葡萄酒为例，给大家做一个示范，仅供参考。

表7-1 Dona Bernarda葡萄酒评语

品种	50% Cabernet Sauvignon（赤霞珠），30% Carmenere（佳美娜），5% Cabernet Francand（蛇龙珠），15% Petit Verdot（小味儿多）
陈酿	18 months in new French barrels（在新的法国橡木桶中陈年18个月）
评 语	
简单评语	深紫红色，成熟果香、烟熏、黑加仑，饱满柔顺
正常评语	酒液呈深紫红色，绚丽美妙；香气纯正，具有黑莓、干李子和紫罗兰的芳香及橡木桶陈酿后带来的烟熏、烧烤、巧克力的芳香；入口酒体饱满，单宁柔顺，颇有层次，回味绵长。可在瓶内陈年
详细评语	倒入杯中，可见颜色为深紫色，澄清透明，绚丽美妙。挂杯很明显，可见酒体浑厚。从颜色的色度、色调来看，酒可能大部分由赤霞珠来酿造。酒还比较年轻 轻摇酒杯，香气焕发，明显感到有植物香、烟熏、烧烤的味道，细闻又夹杂着巧克力、黑加仑和各种成熟水果的香气，如李子、黑莓等 入口圆润，微热，在口腔中发展良好。酒体相当饱满，酸涩甜平衡，味长。在口腔中表现出相同的香气，但更为突出的是烟熏、甘草的味道。余味绵长、愉悦，复杂性不错，感觉像一款波尔多佳酿，很适合继续陈年，6年后达到最佳饮用时间 总之，这款酒是一款各方面比较突出、比较平衡的葡萄酒。酿酒师充分发挥出了葡萄本身所具有的特点。如果说缺点，可能就是个性稍欠缺一些。该酒的得分为90/100，评价：优

以上三种评语，各有优点，现在比较流行的是正常评语。因为简单评语太过简略，可能走样，而详细评语则有可能导致日后我们查看的时候找不到重点。无论用哪一种评语，都应该遵循清楚、准确的原则，按“观察葡萄酒外观、颜色—描述香味、口感、余味—最后给出评价”的顺序进行。

7.4.2 法国名酒评语

本节节选自Steven Spurrier和Michel Doveaz于1984年著的《葡萄品尝》一书，只为读者能够对比，看看其有什么差距和区别。

图7-20 Chateau Reynon 2000 Bordeaux

表7-2 Chateau Reynon 2000 Bordeaux 评语

酒名	2000年波尔多雷诺酒庄Chateau Reynon2000 Bordeaux
葡萄品种	长相思、赛美蓉
产地	波尔多
评语	浅黄色近似于无色，很香，舒适，纯正，醇厚，酸度适宜，后味带果香，但稍欠成熟。果香、优雅、舒适、和谐，为波尔多干白新酒类型的代表

图7-21 Chateau de Fieuzal 1981 Graves

表7-3　Chateau de Fieuzal 1981 Graves 评语

酒名	1981年格拉芙福卓酒庄Chateau de Fieuzal 1981 Graves
葡萄品种	长相思、赛美蓉
产地	格拉芙Graves
评语	禾秆黄色，香料，野花、洋槐花香，浓郁，略带生青味，入口较干，后味亦干，未成熟，需要4～5年才能达到最佳饮用期，较为优良的格拉芙干白葡萄酒

图7-22　Chateau Laroze 1978 Saint-Emillion Grand Cru Classe

表7-4　Chateau Laroze 1978 Saint-Emillion Grand Cru Classe评语

酒名	1978年圣艾米隆产区拉罗什列级庄Chateau Laroze 1978 Saint-Emillion Grand Cru Classe
葡萄品种	梅洛特、品丽珠、赤霞珠
产地	波尔多
评语	美丽的深红色，但已经向瓦红色转变，果香浓郁，带果酱香气，梅洛特类型，雅致，入口浓厚、丰满，具有单宁的结构感，味长，富有个性。1978年是圣艾米隆的好年份

图7-23　Chateau Latour1970 pauillac 1st Cru Classe

表7-5 Chateau Latour1970 pauillac 1st Cru Classe评语

酒名	1970年波亚克拉图一级庄Chateau Latour1970 pauillac 1st Cru Classe
葡萄品种	赤霞珠、品丽珠、梅洛特、小味儿多
产地	菩依乐村
评语	深浓红色，带蓝色色调，外观异常美丽，芳香浓郁，带雪松、成熟葡萄浆果及木桶香气，但仍未成熟，香气未展开，具有良好的陈年潜力。酒体结构感强，雅致，和谐，果香味浓，但仍有单宁感，而后味不粗糙，最佳饮用期为1990—2010年。为pauillac（菩依乐村）红葡萄酒的优秀代表。作为1970年的红葡萄酒仍然非常年轻

7.5 组织一场品尝会

在本章结束之际，我们讲一下如何组织一场品尝会。品尝工作组织得好，能使品尝者对所提供的酒样进行正确的分析，得出科学的结论，达到品尝的目的。组织品尝会包括以下几个方面的内容：选择品尝地点及场所，人员培训，准备所需物品，收集、归类、编号及提供酒样，品尝方法（分析表的准备），分析结果，给定结论、评语等。这里我们拿出比较重要的几个方面来讲一下。

7.5.1 选择品尝场所

品尝环境需要选在满足以下要求的地方：

- 明亮的自然光线，或具有充足亮度、无色偏的白色日光灯。
- 通风，无异味。
- 环境安静，无干扰。

品尝室内应具备以下条件：

- 操作台、白色背景（桌布或纸张）、吐酒桶或水池。
- 必要的工具，如开瓶器、纸巾、餐布等。
- 清口的白水、无味道的面包与饼干。

- 适宜的室内温度、湿度（如果有可能，温度和相对湿度最好分别控制在20℃～22℃和60%～70%）。

图7-24　一酒庄内的待客品尝室

7.5.2　品尝人员要求

为了使品尝的分析更加准确，一般都会很自然地采用“品尝组”的方式进行品尝。品尝组是由感官分析的兴趣侧重点不同的人构成的，其成员应具备如下条件：

- 他们对一系列基本刺激的感觉临界值足够低，应在可接受的范围内。
- 具有健康的身体。
- 无明显感官异常现象。

这样，品尝组就能够提供一系列比较准确的数据和评价。它们不仅可以表示品尝者提供的数据和评价的一致性，而且还可以通过它们获得平均值，分析所有数据在平均值周围的分布情况等。

图7-25 品尝室

7.5.3 准备所需物品

在品尝过程中，我们会根据不同的情况来收集和准备不同的酒样。一般情况下，会分为单杯品尝的准备和多杯品尝的准备。

- 单杯品尝。即对单一葡萄酒的品尝。主要用于发现缺陷、确认风格、评定质量，并和记忆中的已有坐标系进行比较。
- 多杯品尝。即多种不同样品的对比品尝。对于初学者，对比品尝是建立葡萄酒品尝鉴别记忆坐标系的重要方式。它分为垂直品尝（Vertical Tasting），即不同年份的同一种酒的品尝，了解同一款酒或一个酒厂/酒庄生产或发展过程、葡萄酒不同年份所表现出的个性、陈年发展特性；水平品尝（Horizontal Tasting），即同一年份、同一产区内不同酒厂的品尝，了解该年份内不同酒厂产品的特性，了解不同工艺过程对葡萄酒的影响；品酒比赛，即将葡萄酒按照相似的风格分成不同的组，同组内比较质量的差异。

图7-26　多杯品尝

无论哪种情况，我们一般都会按照酒样的收集（官方实地随机取样—封样—将封样寄送到指定地点—官方验样—入库），酒样的归类、编排及编号（按颜色归类、按含糖量归类等），酒样温度的准备，酒样的提供（品尝顺序从淡到浓），开瓶和侍酒的顺序有条不紊地进行。

至于最后的品尝方法，一般品尝会都会提供一份品尝分析表，我们可以根据分析表提供的颜色、香气、口感等选项选择填写，最后得出自己的评论。然后，品尝会相关人员再把不同品尝小组的评论综合起来，做一个统计分析，最后根据统计分析的结果，给出这款酒到底怎么样的结论。

第8章　葡萄酒的保藏

葡萄酒一直以来都是一种让人心旷神怡的酒精类饮品，而最让人觉得神奇和伟大的就是它的口感和味道会随着储藏时间的推进而增进。我们总是希望，自己品尝到的葡萄酒正值它的顶峰时候，因为这样我们才能够真正感受到它的魅力到底有多大。那么，怎样才能够让葡萄酒慢慢地成长至成熟，并最终达到顶峰呢？这就是我们本章要讨论的问题。前面的学习让我们知道葡萄酒是一种很娇贵的饮品，如果储藏不当，很容易衰老、变质。只有经过体贴细致的保藏，我们才能够体会到那历经岁月陈酿的美酒带给我们的独一无二的享受。

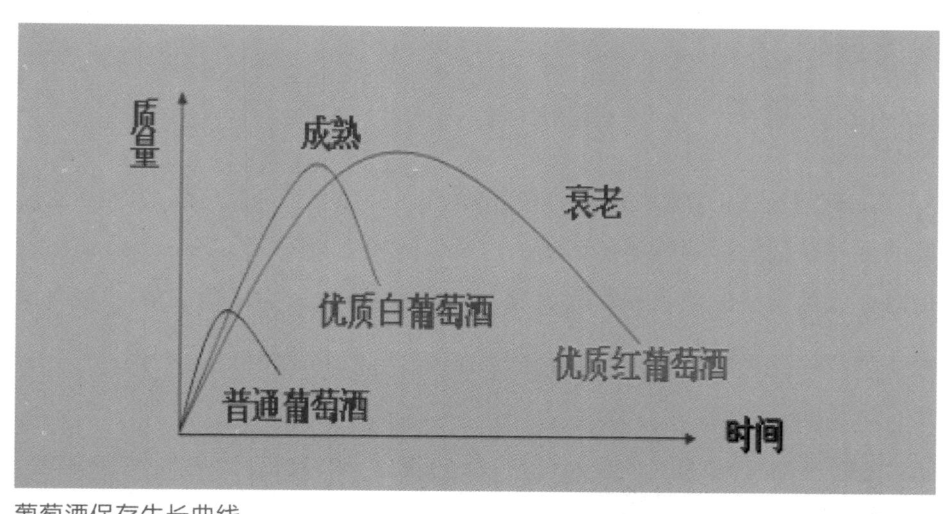

葡萄酒保存生长曲线

8.1　保藏的理想环境

我们每个人都有自己梦想的天堂，有那无忧无虑，充满幸福、快乐的地方。对于葡萄酒的保藏，同样有理想的天堂，而且它的天堂倒是比我们人类梦想的天堂更容易实现。这一节我们就介绍一下葡萄酒心中最理想的地方是什么样的。

8.1.1 温度

存放任何一种葡萄酒，存放环境的温度是极其关键的一个因素。对于葡萄酒来说，比较理想的存放温度是在10℃～15℃，而13℃左右更是最佳温度。如果条件实在有限，至少不要让温度超过25℃。因为温度过高，葡萄酒会膨胀，可能出现酒液外溢、软木塞被推出瓶口等现象，甚至引发葡萄酒氧化、细菌滋生等严重问题。任何一瓶葡萄酒都不能在超过35℃的环境下保存，这样的温度会让酒失去它的细腻口感，喝上去像是被煮过一样，基本失去了品尝葡萄酒的乐趣。关于温度，我还想提醒大家一点，与受单一的高温或者低温影响相比，其实葡萄酒更害怕温度的变化无常。比如，一会儿低温，一会儿高温，这样的环境下，葡萄酒用不了多久就“歇菜”了。

8.1.2 湿度

储藏葡萄酒的相对湿度最好在55%～80%之间，一般65%最为理想。环境的湿度是否能影响陈年葡萄酒的口感，还没有确实的结论。但是较高的相对存放湿度能保持软木塞的湿润，阻止氧气进入酒瓶；但过高的相对湿

图8-1　君顶酒庄地下酒窖

度，又会诱发霉菌的生长，破坏葡萄酒酒标和酒塞，继而影响葡萄酒的质量。一些用螺旋塞封存的葡萄酒，对湿度的要求会相对低一些。

8.1.3 光照

光照，尤其是紫外线，可以直接扼杀葡萄酒。因此，葡萄酒需要保存在避光、阴暗的地方。可以毫不夸张地说，葡萄酒受光照的影响远远大于受温度、湿度的影响。比如，一瓶葡萄酒在25℃的环境下存放一段时间，可能没有多少问题，但是如果把它放到阳光下晒一段时间，它基本就不能喝了。所以我们经常看到，葡萄酒瓶子的颜色多是棕色或者黄树叶的颜色，这样能起到最理想的保护作用；而深绿色的酒瓶也可以达到比较好的效果。

8.1.4 稳定

如果说葡萄酒害怕震动，需要平稳摆放，你或许会感到惊讶吧。不过事实确实如此，震动会对葡萄酒的均衡产生很大的影响。葡萄酒装在瓶中，

图8-2　最理想的葡萄酒存储地——酒窖

其变化是一个缓慢的过程，振动会让葡萄酒加速成熟，结果自然也是让酒变得粗糙。所以，应该把葡萄酒放到远离震动的地方，而且不要经常搬动。

8.1.5　气味

周围环境的气味也会对葡萄酒有很大的影响，如果不小心把葡萄酒和一些有强烈气味的物品放到一块，那等到你品尝葡萄酒的时候，可能就会悲哀地发现，葡萄酒里还有这类诡异的气味。其实是橡木塞自己悄悄地把气味吸引进来，带入了酒内。

8.1.6　安全

“安全”是一个最容易被忽视的要素，因为我们总想着怎么储藏好葡萄酒，可是忽视了储藏的前提是我们要保护好自己心爱的葡萄酒，别在它最美、最成熟的时候，却被别人拿走了，这样岂不是赔了夫人又折兵？所以，在葡萄酒保藏过程中，安全是第一位的，警报器、摄像头、门锁、看护人员等都是现在酒窖存储中必不可少的。

8.2　普通家庭的储藏

每一个葡萄酒爱好者，都想拥有一个自己的葡萄酒酒窖，让自己心爱的葡萄酒安稳地“睡”在酒窖里，慢慢成熟。这个过程就像你养育着自己的小宝贝一样，甚是欢喜。当然，拥有自己的酒窖，也可以使投资葡萄酒有个基本的保障。我们选择年轻的、有知名度的、品质上乘的酒买入，让其在自己的酒窖内慢慢成长，等到成熟时候，再高价卖出。这个过程不仅自己可以享受到美妙的高端葡萄酒，还可以给我们带来经济上的收获，可谓一箭双雕。但是一个普通的爱好者，选择建设一个酒窖或多或少还是有些牵强。那么我们怎么存储自己喜爱的葡萄酒呢？

8.2.1 因地制宜地储藏

1. 冰箱（酒柜）

对于我们平时经常消费的佐餐类葡萄酒，我们大可以放在葡萄酒酒柜内。如果没有酒柜，可以放在没有异味的冰箱内。因为这一类酒，基本都是我们近期要喝掉的，所以短时间的存放还是没问题的。市面上普通的恒温恒湿酒柜是可以用来短中期存放葡萄酒的，它也基本可以满足葡萄酒存放的一切要求。如果要挑一些瑕疵的话，我想就是普通的恒温酒柜或多或少都会发生震动，这对葡萄酒的存储是不利的。若没有酒柜，我们将葡萄酒短期存在冰箱里时，要尽量做到避免异味，避免灯光，最好在冰箱内再放一碗水或者湿布，以保证湿度。

2. 床下（书柜）

记得自己单身的时候，存储的酒都是放在床下的角落里。保证阴暗、无光，然后再在旁边开着加湿器，也算基本达到了保存的效果。一定要保证臭袜子、臭鞋离你的美酒远远的。放在避光、潮湿的书柜里也是个不错的选择，定期地在旁边放一些湿毛巾，也基本能达到保存酒的条件。当然这些方法都是我们不得已的选择，目的只有一个——尽量保证酒的质量。

3. 地下室

等到家里的爱酒实在存不下了，我就选择了搬家，找了一个带地下室的房子。把地下室的卫生打扫了一下，换几天风，直到没有异味为止；然后安装一个小空调，保证它的温度条件；再放几个加湿器、湿度计，简单控制湿度；最后安上防盗门，自己的小酒窖就成形了。如果想搞得有气氛些，可以搞几个酒架，贴着墙立着。既可以展示、待客，又方便取酒，减小空间。如果你再像我一样不小心，把一瓶爱酒打碎在地下室内，那你就更幸运了，整个地下室成了名副其实的酒窖，酒香四溢啊！

其实，对于葡萄酒的存储，我们只要把握住上面说的这几个条件，然后充分发挥我们的积极能动性，因地制宜，不管什么地方都可能成为葡萄

图8-3　酒窖中存储的未上市的葡萄酒

酒的天堂。如果自己有名贵的酒，或者想做酒的投资，可以选择现在市场上比较靠谱的红酒投资公司，这样还不用你费心费事。

8.2.2　开瓶酒的存储

我们在平时的聚会或者烛光晚宴中，总会碰到类似于一瓶酒打开后没有喝完，还剩下不少的情况。倒掉可惜，但勉强全喝掉的话，又会伤害身体，怎么办？一般情况下，我们可能会下意识地把原来的木塞塞回去，然后把酒放到适合保存的地方保存起来，等到明天或者需要的时候再喝。可是这样的做法，我们忽略了一个问题，由于瓶内的酒只剩下半瓶，所以半瓶的空气对剩下的酒的氧化作用还是很大的。这样保存的话基本24小时后酒就已经丧失了原来的风味。我们这时候应该先把瓶内的空气抽出来，再用酒塞塞住瓶口。把空气抽出来或者注入惰性气体，防止酒液氧化，这样的设备一般市场上都有卖，对于葡萄酒发烧友来说，买一个还是必需的。如果实在没有，我们也可以采用倒瓶的做法，就是把剩余的半瓶酒倒入小瓶内，从而把小瓶内的空气赶出，继而减少空气对酒体的氧化作用。无论哪一种存储方法，一般都是针对短期存放之用，可不要指望长期存储。一般3天内酒味还是不错的，如果时间再长一点，酒就会变味了。当然，这样的存储也不排除特殊情况。比如一款质量不错的酒，因为开瓶的时间过早，没有达到成熟最高峰我们就饮用了，所以口感生涩、青硬。而剩余的酒由于空气的氧化，反而加速了成熟，我们很可能在几天后喝的时候会比之前更美妙。当然，这种情况的发生一般都是以质量上乘的葡萄酒为前提的。

图8-4　用作料酒烹制食物别有风味

如果每一瓶剩得不多，或者实在不想存储，倒是也可以把所有的剩酒倒入一个瓶内，存放到厨房里，留作以后当料酒用。在国外有的餐厅就有把客户剩余的酒留作料酒用的习惯，做出来的菜绝对别有一番风味，让吃过的顾客流连忘返。

8.3　专卖店的存储

对于普通的葡萄酒爱好者，可能接触最多的是葡萄酒专卖店。每次去葡萄酒专卖店，映入眼帘的除了那花花绿绿、琳琅满目的酒外，便是那炫耀的灯光和不太了解葡萄酒知识的导购员。这时我都会问一下自己，这个专卖店的保藏条件合格吗？我从这里买酒，信得过吗？本节我们就通过葡萄酒的存储来辨别葡萄酒专卖店的好坏。

一个好的葡萄酒专卖店，最基本的是要有一个稳定、安全的葡萄酒的保藏条件。因为这是对我们消费者最有力的保证，不然我们花大价钱买一瓶酒，回去打开一喝发现坏掉了，或者味道变化了，岂不是可惜、可恨？

看专卖店如何，我们先从其内部的酒的摆放来看。一瓶葡萄酒应该怎么摆放呢？我们经常会讲到，一瓶葡萄酒应该平躺着或者是瓶口朝下倒着

存放。大多数还是使用软木塞来封存葡萄酒的，这样的存放方式可以保持软木塞的湿润，使其长期处于膨胀的状态，阻止空气进入葡萄酒瓶中，达到完美的密封效果。因为空气中的氧气是葡萄酒存放的最大天敌，它们的入侵会破坏葡萄酒的香气、口感、风味，甚至使葡萄酒有明显的怪异口感。但其实这样的存放方式也是有问题的，比如长期倒着存放，很容易使酒陈酿过程中生成的沉淀堆积在瓶口，继而影响到酒的口感。所以一般情况下，我们会看到专卖店采取向上倾斜15度的存放方法，这样可以保证产生的沉淀累积到瓶底，而不会影响到酒的口感。如果看到有的专卖店内酒竖立着存放，你就要小心了，可以毫不犹豫地调头就走。但有一种情况例外：如果酒是使用螺旋塞（又称“斯蒂文瓶封”）的话，那是允许的。

看完店内酒的存放，我们可以再看一下店内的环境问题：有没有油漆等异味啊，温度是不是过高啊，有没有湿度控制啊？一般情况下，这些都应该认真考虑。

图8-5　专卖店酒的保存

最后，我们看一下灯光的问题，酒是不是应暴露在灯光下？（有时专卖店为了展示酒迫不得已将酒暴露在灯光下）如果是的话，我们可以让导购员拿一瓶不是存放在灯光下的酒。关于从专卖店内买名庄酒，我想说的是，如果专卖店条件达不到最好，还是免了吧。比如在有些专卖店内，名庄酒都是存放在从市场上买的普通恒温酒柜内，由于发动机的原因，普通酒柜总是微微震动的，这对于名庄酒来说是很不幸的。但如果各方面的条件都达到了，又配备了比较专业的导购人员，从这里购买还是比较方便的。

8.4 爱情保鲜期

记得陈升曾经举办过一次演唱会，他提前一年预售了自己演唱会的门票，且仅限情侣购买，一人的价格可以获得两个席位。但是，这份情侣券分为男生券和女生券，恋人双方各自保存属于自己的那张券，一年后，两张券合在一起才能奏效。票当然很快销售一空，也许这是恋人双方证明自己爱情的方式吧。“我们要在一起一辈子呢。”“一年，算什么。”

…………

这场演唱会的名字叫作“明年你还爱我吗？”听似很简单的疑问句，实现起来，却被赤裸裸的现实击败。到了第二年，陈升专设的情侣席位果然空了好多位子。他面对着那一个个空板凳，脸上带着怪异的歉意，唱了最后一首歌：把悲伤留给自己。

爱情的保鲜期到底有多久？一年时间就把两个曾经发誓要爱一辈子、永不分离的人轻易地分开了。是我们太小，太年轻，还是爱情来得太容易而不懂得珍惜呢？

我和小雨的恋情，也随着运动会的进行而走向了光明正大。我们每天一块上课，一块下课，一块吃饭，一块自习。有的时候我都怀疑自己是否爱过刘夏，是否有过刘夏这个人。看着坐在对面吃饭的小雨，我总是感觉那分明是刘夏，但又觉得分明就是小雨。我们好像早就认识，早就相爱了。

基于这种想法，我和小雨的恋情发展很迅速。可谓是无话不说、无话不谈，我也从没有考虑过她是小雨，是另一个不同的女孩，是我刚认识不久的一个女孩。因此有的时候，小雨也会为我的莫名其妙而感到不安。但她却总是没有说什么，只是默默地在听我说，或者在看我做。当时我倒是很傻，也从来不争取她的意见，很少去听她在说什么。当时想的是：有这么个天使让我去爱，我这一辈子值了，我会用我的一生去爱她，去保护她，去给她幸福。

…………

时间过得很快，不知不觉中，五一长假到了。我和几个平时不错的哥们商议，五一期间从烟台骑单车去威海，来个几日游。因为小雨身体不太好，我们又都是哥们，就没有带她去。但是出行之日，却得到她的命令，给她带好玩的东西回来，不然不许见她。于是我就怀揣着自己的小梦想和小雨的小命令出发了。

现在回想，年轻真是好啊。除了连续蹬断了不给力的自行车的两根链子，其他都是一路欢笑，一路快乐。回来后给小雨带了好多威海的小东

图8-6　中国著名酒庄贺兰晴雪地下酒窖

西，虽然都不值钱，但她看起来还是蛮开心的。问她这几天在做什么呢？她说，在宿舍上网呢，什么也没有做，无聊死了。

“那我们明天去看电影吧？好像《爱丽丝梦游仙境》明天上映。”

“好啊，我最喜欢啦！”小雨说。

“那明天我来接你，貌似也快到某人生日了吧？”我笑嘻嘻地说。

“呵呵，嗯，你打算送我什么礼物啊？”

“呃，还没有想好呢，你想要什么？”

“哪有要生日礼物的？笨蛋。”小雨说。

“那我们明天先看电影，生日的事，回头我再计划一下，给你个惊喜。”

“嘻嘻，好啊，告诉你一个讨好我的办法，我特别喜欢大海，带我看看海，我就很满意啦。”

“好，好，好，简单，我们有机会下次去看海，顺便给你过生日。小公主，我们现在先讨论明天看电影的事？”

“好，听你的，傻瓜。”

第二天我按约好的时间去公主住的楼下等小雨，没过多久，见她穿了一件石榴红色连衣裙，脚下穿了一双小白鞋走过来。梳一个齐眉刘海，后面扎一个小马尾辫，加之小雨皮肤很白，在这身衣服的衬托下，简直就像童话故事里的爱丽丝。

“看什么呢？看到眼里拔不出来了。”小雨在我眼前用手招呼我。

“嗯，嗯，就要看到眼里拔不出来了。”我耍无赖地说。

“少见多怪，又不是第一天见。”

“我喜欢，我的小公主漂亮，我看看还不行啊？”

“看，看，让你看个够！”小雨用手里的包打我。

“我求饶了，求饶了，赶快走吧！”

“好。”

……

“呀，你的衣服有点透明呢，感觉看到里面的内衣呢？”我故意惹她。

“你少来，我愿意，你再说，明天我就穿一个超短裙，一个小背心出来。”

“好啊，你现在穿就可以啊，我等你。”

“你个流氓，给我滚！”说着，她又打我。

就这么一路打闹，我们去了电影院。然后顺利地看了《爱丽丝梦游仙境》。回来的路上，我就给小雨讲陈升演唱会的故事。

“那我们把今天的电影票留着吧？”小雨说，“如果三年后，我们还都留着，就拿出来去换一个红本本，我们去结婚！”

“三年，你还没有毕业吧？”我说。

“我愿意，我喜欢，你管得着？”小雨向我淘气。

“不亏为巨蟹座的女孩啊，简直就是结婚狂！”我说她。

“喂喂喂！某人也是巨蟹的吧！”“我是替你说出了心声。”

“行啊，求之不得啊，结婚喽，结婚喽！”

“美的你，现在三天还没有过呢，还有三年，还有1095天呢！”

又是一个约定，还记得和刘夏关于十五月圆的约定。可是现在，十五的时候，都不知道她在哪里了？她那里看得到月亮吗？是否还记得我们年少时候的约定？至于我，确实快把那个约定给忘了，尤其是有了小雨以后。

三年，三年间又能发生多少事情呢？甚至是三天，三天发生的事情我们都不能确定，何况三年？三年后，你是否还记得，我们曾牵手走过很多地方，曾在车站拥抱；曾一起看电影，曾往彼此的嘴巴里塞零食和饮料；曾一起幻想着我们的未来，我们的幸福。那一秒的幸福，可能就在下一秒崩溃，恋情崩盘起来，往往措手不及。再多的甜言蜜语，累积起来也敌不过“分手”两个字。

图8-7　橡木桶存放

爱情的保鲜期有多久？我们俩的保鲜期又有多久？在把小雨送回宿舍后，我自己却莫名地伤感起来……

第9章　葡萄酒礼仪与配餐

记得小时候跟爸爸去外面喝酒吃饭，每次看见酒桌上的人共同举杯，相互敬酒都相当有秩序，相当和谐，有的还说出一串串华丽的敬酒词。随着年龄的增长，自己也经常参加饭局，常常少不了敬酒，越发感觉到同样是喝酒，同样是敬酒，如果敬酒的时间不对，顺序不对，说话不对等，还真的会出现不一样的效果。也许这就是中国几千年酒文化的一个缩影吧。

喝白酒都这么复杂，那么喝葡萄酒呢？葡萄酒的礼仪是不是更加复杂？

本章我们就简单介绍一下葡萄酒的礼仪和葡萄酒的配餐，从而让大家能够真正将葡萄酒完美地融入我们的生活，使我们的生活品质得到提高。

9.1　葡萄酒的礼仪

说起葡萄酒礼仪，我们就不得不诠释葡萄酒礼仪的那个职业——侍酒师。因为侍酒师的穿衣打扮、一言一行都在诠释着葡萄酒的礼仪。什么是侍酒师？通俗地讲，就是为酒店客人提供葡萄酒或者烈性酒服务的人，可不要小瞧这一类人，他们的水平可不是“盖”的。我大学期间也曾去考过一次侍酒师，对我的打击相当持久。因为考试内容确实难。就笔试来说，不只是简单考你经常碰到的知名葡萄酒产区的葡萄酒，很可能考的产区你都没有听说过，而盲品的葡萄酒更是你不曾喝过的葡萄品种。对于非笔试考试，更是不想再考第二次。所以对于已是侍酒师的人员，我甚是佩服。下面我们就简单地从给客户提供红葡萄酒和白葡萄酒服务两个方面，向大家介绍葡萄酒的礼仪知识。

9.1.1　红葡萄酒服务

话说，我们走进了一家不错的法国餐厅，入席坐定后：

图9-1　一家法国餐厅

（1）侍酒师根据客户需求帮您推荐菜（或者客户自己点）。

（2）侍酒师呈献酒单，根据所点菜，帮客户推荐葡萄酒（侍酒师会根据所学的葡萄酒配餐知识为客户选择最恰当的葡萄酒）。

（3）客户选定后，侍酒师拿葡萄酒让客户确认（这时，客户需要检查所呈献的葡萄酒是否是我们点的，对照名称、年份及是否完整等）。

（4）客户检查无误后，由侍酒师打开葡萄酒（这时侍酒师会运用所学优雅地打开一瓶葡萄酒，做到姿势优美、熟练且不出声响）。

（5）侍酒师将打开的软木塞呈现给客户，让其检查软木塞（此时需要检查是否发霉、变质，是否是酒厂本身的木塞等），然后把软木塞留在桌上或询问客户是否把木塞取走，或者塞回瓶内等。

（6）将打开的酒先倒出一点，让客户品尝，是否有问题（检查酒是否变质，是否因为保持不当发生氧化，是否有霉变等情况）。

（7）如果需要或者客户要求，进行醒酒（将酒倒入醒酒器内，让葡萄酒充分接触空气，尽快唤醒葡萄酒，让它达到最佳饮用时间）。

（8）斟酒，一般先顺时针为女士斟酒，接着按主次为男士斟酒（斟酒，一般在客户的右手边，倒酒量应该为酒杯容量的1/3，除非客户要求多倒，但也不要超过1/2）。

（9）斟酒完，退到离客户不远处，随时为客户添酒，或者解答客户的疑问。

9.1.2 白葡萄酒/香槟的服务

喝白葡萄酒或者香槟，与喝红葡萄酒的最大区别就是要控制温度。因为白葡萄酒和香槟要求温度低一些，所以一般需要准备冰桶。

（1）侍酒师根据客户需求推荐菜（或者客户自己点）。

（2）侍酒师呈献酒单，根据所点菜帮客户推荐葡萄酒（侍酒师会根据所学的葡萄酒配餐知识为客户选择最恰当的葡萄酒）。

（3）客户选定后，侍酒师拿葡萄酒让客户确认（这时客户需要检查所呈献的白葡萄酒或者香槟是否是我们点的，对照名称、年份及是否完整等）。

图9-2　贺兰山下博纳佰馥酒庄葡萄园

（4）客户选定后，将白葡萄酒或者香槟放到冰桶内，冰至适宜的温度（年轻的白葡萄酒和香槟温度可以稍低一些，陈年的白葡萄酒或者年份好的香槟温度可以稍高一些）。

（5）客户检查无误后，由侍酒师打开葡萄酒（这时侍酒师会运用所学优雅地打开一瓶葡萄酒，做到姿势优美、熟练且不出声响）。

（6）侍酒师将打开的软木塞呈现给主人，让主人检查软木塞（此时需要检查是否发霉、变质，是否是酒厂本身的木塞等），然后把软木塞留在桌上或询问客户是否把木塞取走，或者塞回瓶内等。

（7）将打开的酒先倒出一点，让客户品尝，是否有问题（检查酒是否变质，是否因为保持不当发生氧化，是否有霉变等情况）。

（8）斟酒，一般先顺时针为女士斟酒，接着按主次为男士斟酒（斟酒，一般在客户的右手边，倒酒量应该为酒杯容量的1/3，除非客户要求多倒，但也不要超过1/2）。除了斟酒量外，这时还要注意，用口布擦拭瓶身瓶口，以防水或酒液滴落在餐桌或者顾客身上。

（9）斟酒结束后，将酒放回冰桶，同时将口布折成长条放在冰桶上方，拿出酒的时候，用口布擦拭瓶身。

图9-3　斟酒

其实以上这些只是一般情况下遇到的葡萄酒礼仪问题。我们在不同的场景，应该选择最恰当的葡萄酒礼仪。我们总的原则就是要做到优雅、大方、礼貌。下面我根据自己的经验总结一点小原则与大家分享下。

- 发现有问题的葡萄酒有权要求更换。
- 切勿酗酒，并做出失礼行为。
- 不要强行劝酒。
- 不要在酒杯上留下唇膏印或者油渍。
- 碰杯不要用力，酒杯向右略有倾斜。
- 不要对瓶喝。

- 服务员斟酒时，酒杯放在桌上。
- 敲酒杯表示让大家肃静，我要发言。
- 专业品酒会上，不要使用浓烈的香水和化妆品。
- 在鸡尾酒会上，对于冰冻过的白葡萄酒或香槟，手里尽量拿着餐巾纸衬在酒杯脚下面，避免有水滴落。避免过量饮用香槟，因为香槟上头过快，很容易让你醉。

山寨大师小总结：

如何在酒店内点酒：

1. 根据情况丰俭由人。
2. 正式的、有多道菜的西餐：可以点从开胃酒、红白餐酒到甜点酒全套不同的酒，可以每一道菜换不同的酒。
3. 非正式的西餐或者中餐：点一两种适合自己口味且与菜搭配的葡萄酒。
4. 先点菜，再点酒。
5. 既要满足自己的口味，又能与菜完美搭配，如果有困难可以让侍酒师推荐。

9.2 配餐的基本原则

说到葡萄酒的配餐，我想不管精不精通的人，都会说出“红酒配红肉，白酒配白肉”吧。其实只依靠这个原则还是有些牵强的，因为你会经常发现，很多时候我们也会用红酒配白肉，或者用白酒配红肉。那么到底是怎么个配餐法呢？

先不要着急如何配餐，因为这是一门大学问，足以让我们用一生去研究，去体会。既然说到配餐，那么我们得先明确一下，葡萄酒配餐的目的是什么？你是不是只遵循书本上写的东西——为配餐而配餐，而忘记了我们的初衷了呢？葡萄酒配餐的目的在于让我们用餐时的口感味道更和谐，让酒菜互相陪衬，为彼此增色，互添美味。因此无论是白酒配白肉还是白酒配红肉，都要始终记着我们配餐的目的，这样才不会本末倒置。

知道了配餐的目的，我们就不难发现，其实配餐的最高境界不是“白配白，红配红”，而是酒菜相互提携，相得益彰，味道不互相掩盖。如果酒的味道盖过了食物的味道，或者反过来，食物的味道影响了葡萄酒的味道，都是搭配的失败。知道这些后，我们就只需要了解一些简单的原理，

图9-4 配餐：葡萄酒与虾

然后再发挥自己的主观能动性，配餐问题就解决了。

我们知道葡萄酒里面存在着三种明显的味觉：酸、甜、涩，那么我们配餐也要从这三个味觉要素出发。葡萄酒中的酸，能够去除海鲜等肉类里的腥味而且还能够提高海鲜等肉类的鲜味；而葡萄酒中的涩，能够去除牛、羊、猪肉等的油腻；葡萄酒中的甜能够缓冲菜品里的咸、辣等味道。知道这个后，你就会发现所有的搭配其实都是围绕这个展开的。比如，我们会用白葡萄来搭配清蒸的海鲜，却不用来搭配甜点，因为搭配清淡的海鲜会使肉更加鲜美，且没有腥味，而搭配甜点则会使酒更酸；会用酒体厚重的红葡萄酒来搭配七成熟的牛排，而不用来搭配清淡海鲜，因为酒中的高单宁会解除肉的油腻，让你吃得更健康、更爽口，而同样含量的单宁却会使海鲜变得很腥、很糙，甚至有金属味；会用轻度酒体的黑皮诺来搭配鸡肉或鸭肉；会用苏玳甜酒来搭配饭后甜点，等等。从这里就可以看出，我们已经不局限于单纯的“白配白，红配红”了。细心的读者或许会发现，同样的肉，如果佐料、烹饪方法不同，搭配的酒也不同。比如，清淡口味的鸡鸭肉，我们就可以用干白来搭配，而烧烤、酱汁口味的鸡鸭肉，我们则会用酒体浑厚的干红来搭配。所以在我看来，与其说“白酒配白肉，红酒配红肉”，倒不如说“浓郁的葡萄酒搭配浓重口味的菜肴，清淡的葡萄酒搭配口味清淡的菜肴”。

知道这些，你是否感觉配餐很有意思、很简单呢？其实配餐就好比我们的生活，我们的婚姻，让酒和餐结合起来，起到1+1＞2的效果。

图9-5　各种配餐

“山寨大师”小总结：

1. 配餐目的：酒菜相互提携，相得益彰，味道不互相掩盖，达到1+1＞2的效果。
2. 配餐小知识：酸去腥，涩去油腻，甜掩盖咸；涩会让辣更辣，甜会让酸更酸，涩会令腥更腥，涩和甜搭配发苦。
3. 搭配最好遵循相近原则，即甜配甜，浓郁配浓郁，清淡配清淡等。

9.3　葡萄酒与中餐的搭配

葡萄酒是舶来品，显然配合国外的食物更加和谐一些。可是既然已经来到中国，并被中国群众所接受，那么我们必定要找出配中餐的一些方法，好让葡萄酒真正提高我们的生活质量。

葡萄酒配中国菜绝对可以称得上是一个挑战。因为中国八大菜系，可谓繁花争艳、各有千秋，而且同一菜系，师傅、配料、工艺不同，菜的味道也不同。本节和大家一起分享一下我的配餐经验，希望能够引导大家自我挑战，尝试一下其中的乐趣。

红葡萄酒配中餐，我感觉还是困难一些，因为我们上文已经说到，如果配偏甜的菜（如上海菜和江苏菜），红葡萄酒中的单宁和甜味一结合就会发苦；如果配辣菜（如四川菜和咖喱菜），酒中的单宁和辣味一结合会越喝越辣；如果用红葡萄酒配海鲜，酒中的单宁会使鲜嫩的肉变得粗糙不堪，非常难吃，单宁也会加重八爪鱼和鱿鱼的腥味。当然也不是说红葡萄酒就没法配菜了。比如酒体中等或者成熟度好的红酒（陈年红酒单宁都比较圆润、柔顺）搭配中国菜都是不错的。我们经常用罗纳谷的红葡萄酒来搭配红烧肉，用澳洲的珍藏希拉来搭配牛筋骨、烤牛羊肉，用勃艮第的黑皮诺来搭配香菇炖鸡、北京涮肉等。

至于白葡萄酒配中国菜，就相对简单一些了。因为白葡萄酒基本没有单宁，不涩，而且一般都有明显的酸味，这是很符合中国人口感的，而且中餐搭配白葡萄酒很容易让人胃口大开。比如，我们经常会用意大利的贵人香来搭配清蒸或者水煮的原味海鲜（如蛤蜊、扇贝、螃蟹），用德国的雷司令来搭配清炒河虾仁，用美国橡木陈酿莎当妮来搭配绍兴醉鸡，我甚至会在吃水饺的时候搭配新西兰的长相思。

因此葡萄酒配餐很简单，只需要我们多留心，多体验，多和朋友一块分享，坚持下去，就一定会成为一个酒配餐的高手。

最后，贴几个酒和食物搭配的图片，大家一块分享。

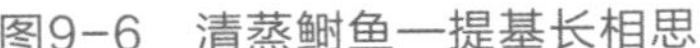
图9-6　清蒸鲥鱼—提基长相思

清蒸鲥鱼配上新西兰马尔堡产区提基庄园的一款长相思，长相思的果味和愉悦酸使吃到嘴里的鱼更加鲜嫩，更加香美，这个搭配可谓天衣无缝。

图9-7　清炒虾仁—霞多丽

清炒河虾仁搭配澳大利亚玛格丽特产区斯黛拉贝勒酒园的一款霞多丽，霞多丽丰富的酒体和愉悦的酸度能使虾仁更加新鲜多汁，这搭配可谓相得益彰，使吃到嘴里的虾嫩滑无比，同时酒香气不绝，流连忘返。

图9-8　酱排骨—马尔贝克

酱排骨搭配智利科尔查瓜产区独立葡萄园埃德华兹酒庄珍藏的马尔贝克，其浑厚、刚硬的口感和同样酱香浓郁的排骨搭配，可谓英雄惺惺相惜，相见恨晚。

图9-9　牛柳—西拉

牛柳粒搭配澳洲克莱尔山谷蒂姆亚当斯酒园珍藏的西拉，使两者把最美的特色都充分发挥出来。因为西拉品种本身就很浓郁，而且有一种肉桂、胡椒大料的味道，和牛柳粒搭配真可谓天作之合，相信尝试过的人，都会流连忘返。

其实以上的搭配也不是一成不变的，比如同样的牛柳，我们选择一款经典的波尔多陈酿也是很不错的。所以我们要根据每个人的口感，每个人的爱好，自己去尝试，自己去发现，这才有意思，才能有进步。

9.4　你绅士了吗

前面我们讲了那么多的葡萄酒礼仪，可以看出葡萄酒确实是一个与优雅、绅士并存的饮品。作为一个忠实的葡萄酒爱好者，你绅士了吗？是否也该学习一下国外的绅士风度，那样的话真的像谚语所说的一样，“给你带来生活，带来爱。”

我和小雨的生活，就那样有条不紊地过着，我们很少吵架，这点小雨倒是不像刘夏。记得和刘夏在一起的那一年，总是三天一吵、五天一大吵，不过最后还总是蛮开心的。小雨性格温顺，不怎么说话，这倒有点像春天的细雨，润物细无声。唯一让小雨烦恼我的，也许就是我每天像爸妈一样叮嘱她吧。每每这时候，她总会说，“好啦，我的好叔叔，哈哈……”

那笑声现在想起都好像能从手机中传回来，很是美好，也多了些无奈。那天像平常一样，我们一起去上文学选修课。我记得很清楚，她上身穿着黑色的吊带，下面穿着一条热裤，小脚丫穿的是小白皮鞋，扎一个马尾辫。就现在看来还是蛮好看、蛮青春、蛮时尚的，但是那会儿的我，还是挺土，很传统的，总是感觉穿得这么暴露。为什么说山里的孩子你伤不起呢？谁让俺从小就受孔孟老人家的谆谆教导，又没有见过世面呢？

“呀，你穿得蛮开放的啊？”我故意说小雨。

“怎么了？挺好的嘛，小凉鞋又不带高跟，我知道你不喜欢我穿高跟鞋。”她没在意地说。

“哦，嗯，还不错。”我也不好说什么。

“你怎么了啊？”她问我。

“没啥，走吧，快上课了。”于是我就拉着小雨的手去上文学课了，其实心里还是不想让她那么穿，但也不知如何说起。

年轻的自己，怎么就这么不自信，这么不大度，这么小心眼呢？现在想起那天发生的一切，总是苦不堪言。

…… ……

“你怎么不听课呢？就在这里玩手机。”我问小雨。

“呃，有同学我给回一个，你认真听啦，讲的不就是‘曾经沧海难为水，除却巫山不是云’嘛，我都知道。”

“啊啊，是不是给你的初恋情人发信息啊？”

“才没有呢，我们是‘曾经沧海难为水’了。”

“呀呀，你还挺想念的啊，怎么没有见你提起呢？”

“那是，我们很好的，他还给我发彩信呢。”

“行啊，背着我去勾搭别人！”

就这样，我们你一句我一句，在课上聊了起来，开始还只是开玩笑，没想到最后越聊越吵了。我就非说她还想着以前的初恋男友，其实我知道她没有，但是当时的我不知道怎么回事，像着了魔一样。而她也不和我解释，还在一旁故意惹我。

最后，我干脆不理她了，就趴在桌子上睡觉，她则边听课边记笔记。一会儿到下课休息时间了。

“小雨，我给你唱歌吧！”我又像变了一个人一样，乐呵呵地要唱歌给她听。

“好啊，难得韩叔叔唱歌给我听啊。”小雨在那里拍手。

我就把最近听的*scarborough fair*唱给她听，结果唱了一半，她说太难听啦。这下可把我气坏了。我想虽然不好听，也不用这么直接吧，就又不理她啦。正要打算再趴下睡觉呢。这时走过一个高高的男生。

“你好，能和你女朋友说几句话吗？我们是同学，我是她班长。”

“说啊，说就好了啊。”

然后我见小雨跟他去教室外面了。等上课的时候，小雨进来了。我问她发生什么事了。她说：“没什么，不想上课了。”

“怎么了？不舒服吗？”我又担心起她来。现在想想自己年轻的时候还是蛮小孩子气的，虽然抱有一颗爱小雨的心，但是各方面确实不够成熟，可谓喜怒无常，像在家里当爸妈的宝贝儿子或当姐姐的小弟弟一样。

“你又不生气了？小气鬼。”

“我没有生气啊，你不想上了，就走吧，我们。反正是选修课嘛，我们又在后排，从后门走。”

“嗯，好，你先带头。”小雨做着鬼脸说。

“嗯，撤。”说着，我收拾好书本，就从后门溜了出来。过会儿小雨也溜了出来。

“走吧，哈哈，什么也是你，不好好学习，叫我逃课。”我故意说小雨。

“什么啊，明明是你不开心，我才想回去的呢。”小雨无辜地说。

“好了，我们去操场转转吧！”在大学那会儿，操场基本就是恋人压马路的最佳地点了。

“今天不想去了，我想回宿舍休息。”说着，小雨也不让我牵她的手了。

“怎么了？不压马路就不压吧，怎么手还不让牵了啊？”我也有些不耐烦了。

“大热天的，牵什么手啊，不牵就不牵。”小雨也不耐烦了。

我一看这架势，也没有和她较劲，怕惹她生气，回头还要自己哄。我们就这么并排走着。

“以后尽量别穿这么暴露的衣服了吧？小雨。”沉闷一段时间后，我又说道，说完又恨不得抽自己一下，真是哪壶不开提哪壶，本来就有争议。

“我说，韩涛，你行不行啊，还是不是男人啊，我穿什么了？多么正常啊，你不喜欢就不要再找我了？”

“晕，什么意思啊？我就是想表达下，我只希望你穿给我看。”我也急了。

“我真是后悔，你怎么是这么个人，怎么这么小心眼，这么情绪化，这么小孩子气，我要找的是个有着宽广胸怀、疼我爱我的人，不是一个天天像监视犯人一样监视我的人，而且我还要照顾你的情绪……”

小雨一口气说了很多，好像一下子把这些日子我们交往过程中她没有说的话全说出来了。

“那什么意思啊？”我听着不知所措，竟然又问了一个更傻的问题，更加后悔刚才没有抽自己了。

“没什么意思，你早点回去吧，我也回宿舍睡觉了。”小雨不耐烦地走了，把我留在了半路上，好像梦一场，不知如何是好，等我清醒过来后，才发现小雨已经走远了。

就这样我落寞地向自己的宿舍走去，回到宿舍，就赶忙给小雨发信息，说自己错了，自己以后改。开始她还回复，“你早点休息吧。”最后直接就关机不理我了。

接下来是周末，我叫她去海边，她也没有去，就这么冷战了两天，谁也没有理谁。因为下周三是小雨的生日，所以我周末就去选了一个生日礼物，还买了好多小雨喜欢吃的东西，想给她一个补偿，因为我确实不想失去她。

时间真是煎熬，周一、周二总算过去了，我这两天很是郁闷，什么也没有做，就在宿舍玩游戏，打发时间。周三我知道小雨最后一节有课，我就提前去给她买好了饭，还带着给她买的礼物和11朵玫瑰花，在楼下等她。

结果，左等不来，右等不来，吃饭的人都过了好几拨了，也没见小雨的身影。就在我要给她打电话的时候，看到她和她的班长从校外的方向走回来，还有说有笑的。心中的不祥之感油然而生。还没等她看到我，我就跑到他们身前了。

“他谁啊？”我怒视着那孙子。

“我同学，怎么了？”小雨坚定地说。

“没什么，我给你买了饭，等你吃饭呢。”我压住怒火说。

“我吃了，不用了。”小雨不耐烦地说。

“还有送你的花，送你的礼物，给你买的好吃的。”我越来越不淡定，越来越急躁，说话也在颤抖。

“我不能要你的东西，韩涛，我不能再要你的东西了。”小雨说。

“为什么啊？为什么啊？”我极力压着火。

“她不要你的，你就别为难她了。”那个站在旁边的男孩说话了。

“给我滚一边，回头老子和你算账！”我狠狠地看了他一眼。

“你先回去吧，杨伟！这里没你的事。”小雨温柔地对那个男孩说。

“听到没有，让你滚，再不走，老子让你走不了。”我又骂那小孩。其实就身高和心理年龄来说，他都比我高，现在想想。

图9-10　一定的葡萄树龄才能生产出高品质的葡萄

"你没事吧，有事给我电话。"那个杨伟对小雨说。

"没事的，对不起，给你添麻烦了。"小雨不好意思地说。

"没事，没事的。"

他俩对着我聊起来了。"你赶快滚，没你什么事了！"我已经相当不耐烦了，心中的怒火在燃烧。

"我不是怕你，是不和你这种没素质的人打交道，你还号称绅士呢？女孩可不是这么追的！"他临走还给我丢这么句话。

我一听这话就来气了，要上去揍他，被小雨严厉制止了。"韩涛，你怎么这样，像一个强盗，我都和你说清楚了，你别再缠我了，我们分手吧。"

"别啊，别，我改还不行吗？给你，这是我给你买的生日礼物和好吃的。"我还单纯地想，只要给她好吃的，她就会开心。

"行了，不要再说了，我不会要你的东西，你回去自己吃吧，我回去休息了，下午还要上课。"说着小雨要上宿舍楼。这时候又有许多我们这个年级的同学吃饭回来，那个杨伟已经走了，就剩下我和小雨在纠缠。

"求求你再给我一次机会吧，我绝对改，绝对对你好，比以前更好。"我还在渴求着这份爱情，样子狼狈极了。

"你回去吧，这么多人都过来了，我回去了。"小雨很冷漠地说。

"那你把我给你买的东西带回去吃吧。"我看过来的人还有我的老乡小华，自己也感觉怪不好意思的。可谓丢人丢到家了。

"不要，你回去吧。"说着，小雨已经跑上了楼。我站在那里还没有反应过来。看她跑上楼去，我突然觉得浑身无力了。我已经深刻意识到，这份爱已经覆水难收了。我把买的花、礼物、东西一并撇到她们楼下的垃圾桶旁边。回来的路上，碰到老乡，貌似听到她在和我说话，我恍惚中也没有听出什么。

就这样像失魂落魄的鸡一样，耷拉着头回到了宿舍，感觉整个世界又一次塌下来了，这次更加突然，更加无力，更加不知所措……

绅士？这时候谁还能绅士起来啊？我脑子里出现一个念头，灭掉那孙子！

第10章　葡萄酒的选购窍门

前面介绍了那么多关于葡萄酒的知识，而作为消费者，可能最关心的问题是怎样才能够买到性价比高的葡萄酒。没法打开品尝，怎么判断所买的酒值不值？这确实是一个大问题。本章我们就从一些小的细节告诉大家，怎样花最少的钱买到你喜欢的葡萄酒。

10.1　旧世界VS新世界酒标

通过酒标我们可以认识葡萄酒，因为酒标上包含着酒的许多内容，而这些内容在一定程度上又决定了葡萄酒的好坏。所以，通过酒标来判断葡萄酒是一个最简单、最直接的方法。

10.1.1　旧世界酒标介绍

前面的章节我们已经或多或少提到过葡萄酒的旧世界（老世界）和新世界，这里将详细介绍。葡萄酒里面的“旧世界”指的是，以法国、意大利、西班牙、德国等有着几百年历史的传统葡萄酒酿造国家。它们注重的是葡萄酒的“血统”，突出的是传统的酿造工艺，有着严格的等级划分，对土地、品种等都有着严格的要求，酿出的酒具有当地独特的风土气息。

在旧世界里面，葡萄酒的酒标是很严格、谨慎的，下面以法国、意大利、西班牙、德国为例给大家介绍一下。

1. 法国酒标

① GRAND VIN意为“伟大的葡萄酒”。一些波尔多葡萄酒这样标注，表示该葡萄酒在酒庄中已经储藏3年（其中包括在橡木桶中储存了18～24个月），并装瓶陈酿1年以上，期间经受住了考验，就是一瓶好酒，

即“伟大的酒”。

② 酒厂名称：ROYAL SAINT-EMILION（圣艾米隆王者风范）。

③ 酒的级别：AOC（法国原产地命名控制）级别。下面还有VDQS/VDP/VDT三个级别。（现在出了新的分级AOP）

④ 葡萄年份：2005年。

⑤ 葡萄酒容量：75cl=750ml（一般常见的葡萄酒容量）。

⑥ 酒精度：13.5%。

图10-1 圣艾米隆产区王者风范酒标

⑦ 罐瓶装瓶商及生产销售商地址。

⑧ 外销酒规定标明“PRODULT DE FRANCE”（法国生产）字样。

以上法国波尔多圣艾米隆（SAINT-EMILION）产区的酒，标注比较详细。多数法国酒都是这么标注的，但也有许多例外。比如名庄酒的标注就相对简单一些，或者低一些级别的葡萄酒（VDP/VDT）标注也非常简单，基本类似于新世界的酒标。

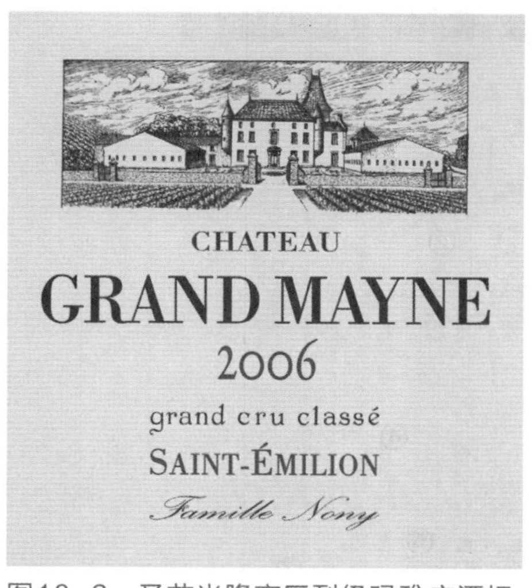

图10-2 圣艾米隆产区列级玛雅庄酒标

图10-3 朗格多克产区VDT歌海娜酒标

这两个酒标都比较简单。玛雅庄只写了酒庄名称、葡萄年份、葡萄产区和所列级别grand cru classé（属于AOC级别，又高于AOC级别，就是说grand cru classé必定是AOC级别，但是AOC级别的酒不全是或不一定是grand cru classé）；而另一个酒标更加活泼随意些，除了酒的名称和所用葡萄品种外就没有更多的其他信息，反倒是写了句“good times with friends”。

再给读者举两个例子。

① 酒标画的作者签名：Xu Lei（徐累）。

② 葡萄年份：2008年。

③ 标明此款酒是酒庄自己装瓶。

④ 酒庄名称：CHATEAU MOUTON ROTHSCHILD（木桐罗斯查尔德酒庄）。

⑤ 产区名称：PAUILLAC（波亚克）。

⑥ 酒精度：13%。

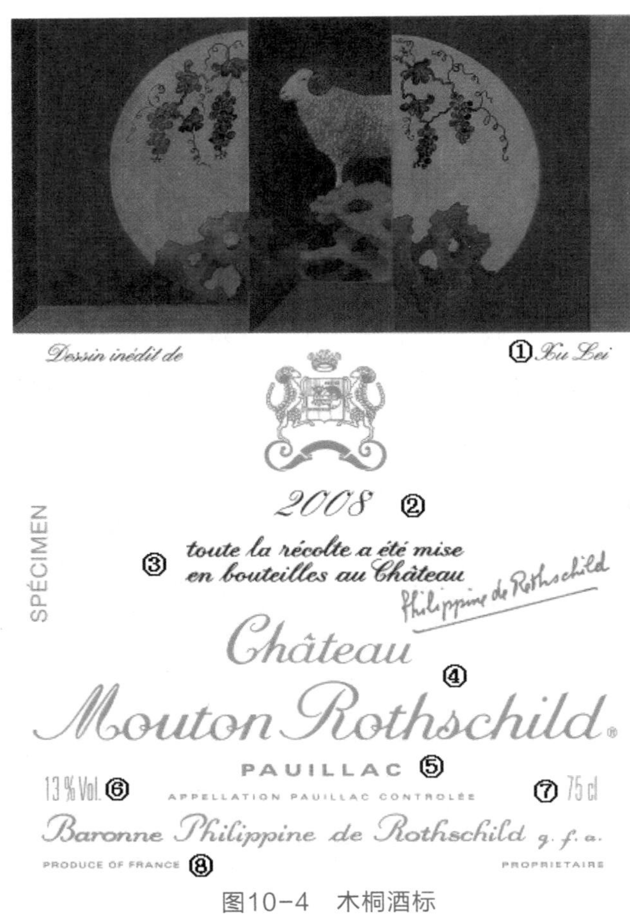

图10-4　木桐酒标

⑦ 葡萄酒容量750ml。

⑧ 外销酒规定标明“PRODUCE OF FRANCE”（法国生产）字样。

可以看出，这款名庄酒的酒标就标注得更详细些。当然，这是法国波尔多五大名庄之一的木桐酒庄，其他的酒可没有每年设计酒标的习惯，但一般都会写着Grand Cru Classé，像上面的玛雅庄一样。

再看一个VDP级别的葡萄酒酒标。

① 外销酒规定标明“PRODUIT DE FRANCE”（法国生产）字样。

② 酒庄名称：LES FONCANELLES（枫华堡）。

③ 葡萄年份：2006年。

④ 酒精度和容量：12%、750ml。

⑤ 级别：VIN DE PAYS（VDP），是日常饮用的葡萄酒。

⑥ 标明此款酒是生产商自己装瓶，并列出生产厂址。大家以后看到“bouteille”这个词就明白什么意思了。

⑦ 葡萄品种：CHARDONNAY（莎当妮）和SAUVIGNON（颂维翁布朗克）混酿。

图10-5 枫华堡酒标

所以，虽然我们不能仅通过酒标的详细与否来判断酒质量的好坏，但是我们却可以通过酒标上列出的信息判断出个大概来。

“山寨大师”总结

- 一般来说，法国酒的价格排序是这样的（降序）：Grand Cru Classé，Cru Bourgeois，AOC，VDQS，VDP，VDT。当然，这里我们忽略了好多特例，日后随着我们葡萄酒知识的积累，就可以做到灵活判断。其实，严格来说，这个排序是不对的。但就中国市场，对我们初学者还是蛮有用的。
- 过于简单或花哨，又没有明显标注贵酒字眼的酒标，你基本就可以判断这是一款佐餐类的便宜酒。

2. 意大利酒标

意大利在葡萄酒方面也是一个很严谨的国家，因此，酒标的标注一般也都比较详细。下面拿一个普通的DOC（法定产区）级别的葡萄酒酒标给大家做个示范。

图10-6　巴萨诺酒标

① 产自意大利。

② 产区（Piemonte皮尔蒙特）和级别（DOC法定产区级别）。

③ 葡萄品种：Barbera巴贝拉。

④ 灌瓶厂家。

⑤ 酒精度。

⑥ 葡萄酒容量。

⑦ 酒庄名称：Bersano巴萨诺酒庄。

⑧ 标明包装和瓶子在自然条件下不能被分解（可回收）。

3. 西班牙酒标

① 标明橡木珍藏，且葡萄年份为2004年。

② 酒厂名称。

③ 产区：Rioja里奥哈产区。

④ 级别：DOQ西班牙最高法定产区级别。

⑤ 罐瓶生产厂家。

⑥ 葡萄酒容量及酒精度。

4. 德国酒标

① 产区：Mosel-Saar-Ruwer 莫索尔-汝瓦区。

② 酒厂名称：SELBACH 赛巴赫。

③ 特定地区的葡萄品种（皮斯波特米歇尔伯格产区雷司令）

④ 标明此款酒是生产商自己装瓶，并列出生产厂址。

⑤ 酒精度。

⑥ 葡萄酒容量。

⑦ 标明德国生产。

从上面三个国家（意大利、德国、西班牙）葡萄酒酒标的例子中，我们可以了解到一些关于酒的基本知识。比如，我们知道这款酒是出自哪个年份的，来自哪个产区的，什么级别的，甚至用什么葡萄品种酿造的。通过这些我们就可以大体判断出这款酒的价格了。

图10-7 西班牙奥哈产区酒标

图10-8 德国莫索尔—汝瓦区酒标

"山寨大师"总结

一般我们先看级别，高级别的酒比低级别的酒贵一些。

如果级别相同，我们可以考虑产区，一般好产区的酒会贵于普通产区的酒。

如果级别、产区都相同，我们可以考虑年份，好年份的酒贵于普通年份的酒。

最后我们看葡萄品种，有些知名产区的个别特殊葡萄品种的酒，价格一般比普通的贵。我们甚至可以通过酒标看到是由哪个酿酒师酿造的，有名酿酒师酿造的酒自然贵一些。

10.1.2 新世界酒标介绍

葡萄酒的新世界是与旧世界相对的，以美国、澳洲、智利、新西兰、南非、阿根廷等国家为主，它们崇尚技术，倾向工业化生产，在企业规模、资本、技术和市场上有着很大的优势，把葡萄酒的生产更多地看成是一个商品化、市场化的过程。新世界生产的葡萄酒更注重迎合消费者的口感，更加简单、时尚。

我们不难想到，新世界葡萄酒的酒标更加简单、时尚、个性化一些。它们突出的是引人注目，强调的是与众不同。

1. 美国酒标

美国酒标与旧世界酒标相比较更加直观，更加简单。此款酒标只是标明了酒庄名称为Rutherford（罗斯福酒庄）、葡萄品种为Zinfandel（增芳德）、产区为Napa Valley（纳帕谷）。

图10-9　美国酒标

2. 澳洲酒标

和美国酒标一样，澳洲的酒标也是简单易懂。从这款酒标中我们知道，酒庄名称是Penfolds（奔富庄园）、产品系列为BIN 389、所用葡萄品种为cabernet（赤霞珠）和shiraz（西拉），而且在此酒标下方还很人性化地介绍了这款酒的酿造过程。

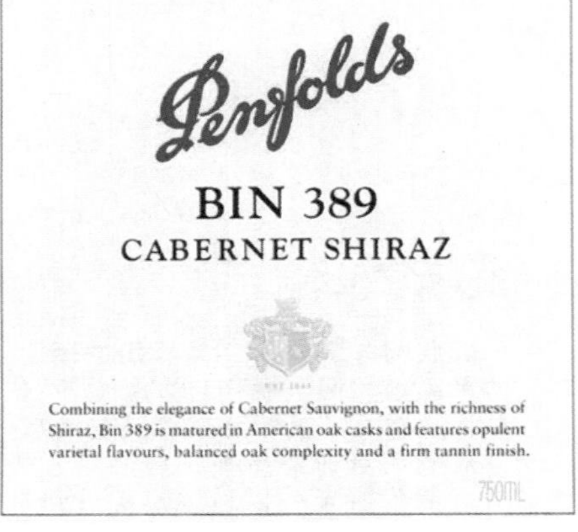

图10-10　澳洲酒标

3. 智利酒标

新世界酒标也不是所有的都那样简单，这款智利酒的酒标就比较详细。

① 酒庄名称：Luis Felipe Edwards（路易斯飞利浦埃德华兹酒园）。

② 葡萄酒级别：family selection grand reserva私家特级珍藏。

③ 葡萄品种：梅洛特。

④ 产区：Colchagua Valley（空加瓜谷）。

⑤ 葡萄年份：2007年。

⑥ 庄主签名。

⑦ 批量生产编码（batch no）。

图10-11　智利酒标

4. 阿根廷和新西兰酒标

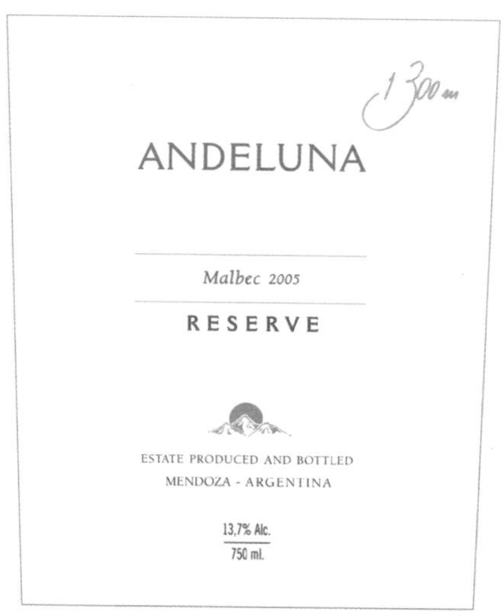

图10-12　阿根廷酒杯

图10-13　新西兰酒标

这两款酒标依然一目了然，很简单，很直接，很夺人眼球，可以说这就是新世界酒标的特点。

既然我们从酒标上看不出多少眉目，那么我们怎么判断新世界葡萄酒的好坏呢？因为新世界酒基本没有分级制度，所以想从分级中看出酒的贵贱是有些难度的。下面我们就看一下新世界酒有什么特点。

- 一般经过橡木桶陈酿的酒都会比没有经过橡木桶陈酿的贵。酒标上带“RESERVE”字样的都表示经过橡木桶陈酿，如果标明是GRAND RESERVE（不同语言拼写有点差异）就更好了。
- 对于新世界酒来说，知名产区和好年份以及特殊葡萄品种的酒更贵一些。
- 带庄主签名的酒，一般都比较贵。
- 名庄的酒，不用多说，肯定贵不少。

如何通过酒标了解酒的信息，甚至通过酒标来大致判断酒的好坏，我们已经了解过了。但是，只通过酒标就想看出酒的好坏是不容易的，还需要我们继续学习，只有综合所有信息，才能总结出个概念。

10.2 酒瓶、酒塞各有玄机

正所谓好马配好鞍，一款好的葡萄酒，与其相配的酒瓶和酒塞必定是很好的；但这话反过来说，就不见得对了。乍一看，酒瓶、酒塞都很好，就以为这是好酒，未免牵强。尤其是在中国市场，因为中国消费者重视包装，所以好多商家重包装、轻产品，多少有点买椟还珠的。本节我们主要介绍市场上常见的一些酒瓶和瓶塞，通过对它们的了解，做到正确辨别葡萄酒的好坏。

图10-14　晨雾中的葡萄园

10.2.1 酒瓶各种各样

说到酒瓶，首先应该介绍的是最有名的两个：法国波尔多瓶和法国勃艮第瓶。因为这两种瓶型都是市场上最常见到的，而且好多新世界酒的酒瓶也是模仿它们做的。

标准的波尔多瓶

标准的勃艮第瓶

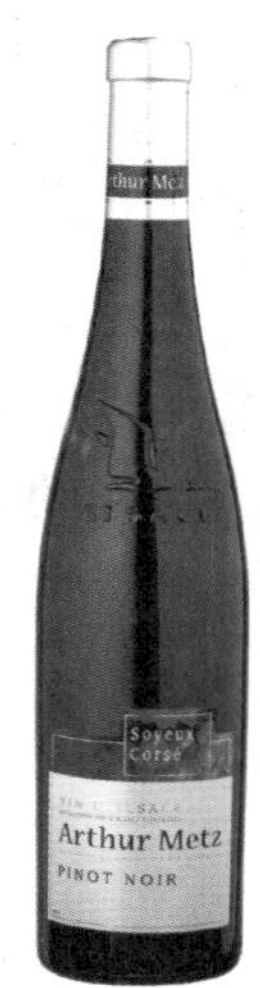

有特色的阿尔萨斯产区瓶型

图10-15　标准酒瓶

图10-16　意大利著名产区chianti奇昂蒂地区的瓶型，和法国波尔多瓶型差不多

图10-17　智利爱德华兹酒园的187ml和750ml两种标准瓶，也是仿波尔多瓶做的

This range features Côtes du Rhône that are typical of their region and terroir, but which benefit from modern vinification methods – our focus here is fruit and suppleness.
Le Pas de la Beaume (which means "the grotto entrance" in Provençal) is a deft, delicate Côtes du Rhône.
Le Chêne Noir, its "big brother", is a Côtes du Rhône Villages – richer, more velvety and lush.

图10-18　法国罗纳谷产区的瓶型，有些类似于勃艮第瓶型

其实，除了这两种最基本的瓶型外，法国还有好几种瓶型，但是大多都相差不多，基本就是这个造型。当然也有夸张的瓶型，比如阿尔萨斯地区的瓶型和香槟、汝瓦产区的瓶型等。

除了这些模仿波尔多或者勃艮第瓶型的酒瓶外，市场上还有很多其他的瓶型，但不多。比如，新世界好多国家会把比较好的酒放在比较重的瓶子里，或者有许多好酒也会放在个性一些、好看一些的瓶子里，以显示其珍贵。

例如，香槟产区J.DE TELMONT皇家特玛特酒庄纯手工、限量版香槟的香槟瓶，高贵典雅，让人爱不释手。

图10-19　限量版香槟瓶

以上我们所说的葡萄酒的瓶型基本都是750ml标准瓶。在现实生活中，还会根据需要做许多大容量（1500ml、3000ml，甚至更大）或者小容量（375ml、187ml）的瓶型。我们通过瓶型能够了解一些最基本的知识。比如，一款波尔多佳酿必须是波尔多瓶型，如果它是勃艮第瓶型，那不用说，肯定是假的或者是不正规的产品；无论哪种瓶型它都必须尽量做到避光、反光（比如暗色、棕色），目的是为了保护葡萄酒；容量大的瓶子更利于葡萄酒的保存，因为相对于瓶内单位酒液，接触的空气少。

现在回到最初的问题，我们是否能够通过酒瓶对酒的价格猜出个一二?

- 就新世界没有明文规定用何种瓶型的酒庄来说，一般重瓶型装的酒都会价格高一些，因为它瓶壁更厚，颜色更深，更利于葡萄酒的保存，当然成本也更贵。
- 一般好酒的瓶底凹进去得更深一些，因为这样利于酒在长期存储过程中自然沉淀，杂物积累到凹槽中，从而不影响酒的口感。但可不是说，瓶底凹得深就是好酒。
- 一般好酒的瓶子都会很光滑，质地好，颜色深，这也算是判断好酒的一个依据。
- 这是一个几种典型瓶型的模板，从左到右分别为：波尔多酒、勃艮第酒、加强型葡萄酒、香槟／起泡酒、阿尔萨斯／莫舍尔产区酒。

图10-20　几种典型瓶型的模板

- 大家不要一味地盲目崇拜重瓶型。例如，一个波尔多酒却用了重瓶型，这时你就要小心了。而且，现在讲究环保低碳，好多名庄酒都不采用重瓶型了。

10.2.2 瓶塞大揭秘

说到瓶塞，我们大家可能最先想到的都是橡木塞，其实现在越来越多的螺旋塞在葡萄酒市场上异军突起。因为螺旋塞即开即饮，轻松方便，深受现代人的喜爱，而且近期有研究表明，因为螺旋塞更稳定、更利于隔绝酒液与空气的接触，所以更利于葡萄酒的保存。知道这些后，我们想要通过是螺旋塞还是橡木塞来分辨酒的好坏就比较难了，因为两者各有千秋。

但在单纯的橡木塞中，我们倒是能大概评出个三六九等。

- 最好的橡木塞：一般来讲，如果一瓶葡萄酒采用整木来做木塞，那它应该是有点品质的葡萄酒。因为整木的软木塞带有很小的气孔，而一些好的葡萄酒在瓶内成熟还是需要微量氧气的，这种微透气的软木塞有助于葡萄酒的呼吸。
- 合成塞：一般橡木塞两端是完整的橡木片，中间是用细末黏合起来的软木塞。这种塞子的好处是不容易漏酒，适合于酒的长途运输，一般用于普通和中档的葡萄酒。
- 橡胶塞：这样的塞子一般在新世界低端酒中用得比较多。
- 碎木塞：一瓶酒如果用的是用碎木组合起来的软木塞，那它基本是一款普通的甚至质量比较低的葡萄酒，买来后要尽快喝掉。

经常喝酒的人会发现，即使是相同的木塞，也有的长，有的短，这是怎么回事？我们发现的长塞子往往比常规的塞子长出1/4。长塞子的通常来讲是好酒，而且都为整木的软木塞，这种酒最起码具有5年以上的陈年潜力。如果提前喝这种酒，是一定需要醒酒的。因为长木塞的酒一定比短木塞的要贵，长时间陈瓶，酒液会往木塞里渗透，长木塞封存就更加保险，这种长塞子酒以欧洲一些传统产酒国的为主。如果不需要陈年很长时间就可以喝的，就没有必要花更多的成本使用长木塞了。

虽然说通过木塞来辨别酒的好坏不是绝对的，但在多数情况下还是很有用的。就好比螺旋塞，虽然有的名庄酒也用螺旋塞，但在多数情况下，橡木塞还是在高端酒中盛行，而中低端酒则是螺旋塞的天下。

图10-21　橡木塞

10.3　葡萄酒选购和推荐

正所谓“养兵千日，用兵一时”，我们花这么多时间、精力去学习葡萄酒知识，去学习辨别葡萄酒好坏的方法，就是为了能够选购自己心仪的葡萄酒。今天终于到了运用我们学到的知识的时候了，到底从何下手呢?

10.3.1　选购策略

选购葡萄酒和购买其他东西一样，得先找个地方。比如我们买菜，得先去菜市场，而买葡萄酒呢？我们是去酒店，去超市，还是去葡萄酒专卖店?

说到买进口葡萄酒，我先说一下这个进口葡萄酒是怎么来到我们中国的。首先，葡萄酒酒庄每年都会用当年的葡萄酿酒，而酿好的酒一般会有两个销售渠道：一个是当地市场，本国国民买来喝；另一个就是出口到其他国家。我们说的是出口部分，通常酒庄通过和进口商签订一系列的代理合同，将自己的葡萄酒出口到进口商国内。因为进口国外的酒产品很丰富，所以进口商会找下级代理商去销售，而下级代理商又会找次下级代理商，进口葡萄酒就这样一步步深入销售到国内市场。一般来讲，进口葡萄酒要经过三级代理商的环节方可进入终端市场和我们消费者见面，即超市、酒店或者专卖店。也就是说，我们平时在超市、酒店内买到的葡萄酒都要经过四五个环节的加价，再加上中国的税收，所以零售价格一般会比较贵。

图10-22　用正确的渠道才能选出优质的葡萄酒

因此，我们不难看出买酒渠道很关键。如果我们能够直接从进口商手中拿货，那么我们买到的酒就会比在超市、酒店里的便宜很多，即使从二级或者三级代理商手中拿到我们喜欢的葡萄酒也是很实惠的。其实找出进口商或者代理商不难，因为酒瓶背标上都有标识，但一般你零星地买几瓶，代理商是不会卖的。因此就需要我们几个好友一块订购，或者自己一次性大量订购自己喜欢的那款酒，这样会实惠些。

当然如果你是一个普通的葡萄酒爱好者，或者说是个初级葡萄酒爱好者，想买一瓶品尝一下，该去哪里买呢？

在北京，我一般会去珍妮路的店买葡萄酒，当然我指的是中低端葡萄酒，或者在家乐福超市搞葡萄酒节活动的时候去买一些，都还是比较实惠的。再或者去一些信得过的葡萄酒专卖店，等他们搞活动的时候买。如果你是一个宅人，不喜欢出去逛，现在兴起的葡萄酒网络直销店购买也是一个不错的选择，搞活动的时候价格还算公道。

知道了渠道，就好比买菜进对了菜市场一样，剩下的就该发挥我们所学的知识，多多实践，慢慢品尝、鉴别，成为一个葡萄酒选购高手是水到渠成的事情。

10.3.2 给好友推荐

作为一名资深的葡萄酒爱好者，我经常碰到一些初学者前来取经，让我给他们推荐几款不错的酒。虽然每个人的口感是不一样的，但是好酒还是能够被绝大多数人所认可的。如何给初学葡萄酒的爱好者推荐葡萄酒呢？

首先，我们应该明白对方的需求。比如，对方是一个想尝试葡萄酒的年轻人，希望价格不要太贵，又能从中体会到葡萄酒的魅力；或者对方是为了买来葡萄酒送给一个年龄偏大、常年饮用白酒的长辈，表示敬意，送去健康。这两者的需求就明显不同，因此对酒的要求也不同。

其次，根据对方的口感偏好不同，我们推荐的酒也不同。比如，女孩一般喜欢口感偏甜一点的酒，而男士则喜欢口感重一些的葡萄酒。

再次，根据对方不同的经济承受能力，我们推荐不同的产品。虽然说不是所有的好酒都是贵酒，但是有限的经济水平还是会限制选酒的范围。

其实给好友推荐葡萄酒，也是一个自我思考、自我学习的过程。三五个葡萄酒爱好者经常一块分享、一块探讨，更有利于彼此知识的增长。

图10-23 意大利的葡萄庄园

"山寨大师"总结：

- 一般对于初学者，我们建议购买新世界的中低价位葡萄酒，最好从干白开始喝起，不要一上来就喝红葡萄酒。
- 对于初学者，如果你对红葡萄酒有特殊的情感，那就从口感相对柔和的梅洛特、甜美的佳美娜等单品种葡萄酒开始喝起，注意在品尝过程中要记忆。
- 如果是一个饮用过一段时间葡萄酒的爱好者，那么可以考虑对比品尝新、旧世界葡萄酒，或者同一款酒不同年份等对比品尝。对比这种方法对于葡萄酒品鉴还是有很大帮助的。
- 一般在低价位葡萄酒中，新世界酒的口感较旧世界酒更胜一筹。如果是中档价位，我们可以考虑选择意大利、西班牙的酒。对于好酒，个人还是推崇法国的。
- 如果实在不知道怎么给别人推荐，就建议他（她）来瓶起泡酒或者香槟好了，没有人不爱喝的。

10.4　把悲伤留给自己

自从上次和小雨闹分手以后，我已经基本丧失了理智。一方面担心和小雨的爱情真的覆水难收了，另一方面又想着怎么对付另一个男孩对她的追求。总之脑子里就剩下一连串的愤怒，而愤怒的对象不出意外地落在了那个叫杨伟的同学身上。

现在看到那一个个落寞的小男孩，像极了当年的我。我想我的人生观，最起码是爱情观，因为那年的事情改变了。

接下来的日子，便看到他们经常一块上下课，但从各方面观察，他们都还是蛮正常的。我想尽各种办法，让小雨的好朋友给说好话，让别人给带信儿，但一切都是白费。这样的日子过了几天后，我彻底地失去理智了。

在一个最普通的日子，他们吃完午饭从食堂往寝室走，被我截在半路上。我要收拾那小子，我要问问小雨到底还给不给我机会。我不放弃，我不想放弃。

"小雨，这些天你怎么不理我？"

"没什么好说的了，我们分手了！对不起，你去找其他女孩吧。理智点，韩涛。"小雨冷酷地说。

我站在那里不知道如何是好，突然感觉自己就像一个孩子，而面前的小雨是那样成熟、理智；突然感觉这些日子，自己根本没有真正地了解她。

图10-24　斜晖中的狗尾巴草

“你走开吧，我们下午还有课。”恍惚间，我听到那小子在说话。

无法控制的怒火直冲鼻梁，抽动一下脸部肌肉，我像一头失去理智的猎豹，扑向了那个杨伟。其实论体格、论打架，他应该比我更占优势，但是这次他却没有还手，被我连踹几脚，满脸鲜血地倒在地上。

“你疯了吧，韩涛，你太让我失望了，我永远恨你，都不关他什么事！”小雨被眼前的事情震呆了。

“都怪他，就是他在中间挑拨！”

“我没事，小雨，我们回去吧！”杨伟竟然还挤出微笑对小雨说。

小雨哭了，不知道是感到害怕还是心疼，她从包里拿出纸来，到杨伟身边给他擦拭。而一旁被冷落的我成了一个十足的傻瓜，感觉眼前一片恍惚，什么都不知道了。只是在他们临走前，听到小雨说，“韩涛，你这样我会更讨厌你，以后我不想再见你！”

他们走后，阴了好久的天。站在远处的兄弟，这会儿都跑到我身边安慰我。对了，忘了交代，整个打架是我准备好的，如果那小子叫人，我们兄弟几个就灭掉他们！结果可想而知，自己多么傻，多么痴。

兄弟几个架着我向寝室走去。这时的我清醒了不少，脑子里突然映出那天看完电影后小雨对我说“三年后嫁给你”的场景。老天啊，才多久？！三个礼拜还没有过完，我的小公主已经离我而去了。

“是不是可以牵你的手呢
从来没有这样要求
怕你难过转身就走
那就这样吧，我会了解的
把我的悲伤留给自己
你的美丽让你带走
从此以后我再没有，快乐起来的理由
我想我可以忍住悲伤
假装生命中没有你
从此以后我在这里
日夜等待你的消息”

不知何时何处飘来了陈升的《把悲伤留给自己》，恰似为我唱的一样。我现在已经没有任何力气了，默默地回到宿舍，把兄弟们关在门外，自己蒙头睡去……

图10-25 沉静的山河

第11章 葡萄酒常见问题汇总

本章主要解答大家经常遇见的一些与葡萄酒相关的问题。比如我们常说的法国波尔多五大名庄指的是哪几家，意大利的分级制度是什么。其实单独一个问题我们就足以拿出一章来讲，但是由于篇幅有限，而且本书的初衷——作为一本简单的葡萄酒入门书，我们在这里只简单介绍一下。

11.1 问题1：波尔多五大名庄指的是什么

在武侠世界里，南有武当、北有少林，可谓名声显赫，实力超群。在葡萄酒世界中，我们要选出像武林中五大门派一样的酒庄，那么法国最著名的波尔多地区的五大名庄必定榜上有名。因为说起葡萄酒还是首推法兰西，而说起法兰西必定先说波尔多。甚至不懂酒的人，只要你提起法国葡萄酒，他们都会下意识地认为是好酒，如果再说是波尔多的，那就更加坚定地认为这是好酒了。第一个问题，我们就先来揭开波尔多五大名庄的面纱。

11.1.1 拉菲酒庄

正如说起葡萄酒，没有不说法国的一样，说起名庄酒，没有不说拉菲的，尤其近些年在中国掀起的拉菲风，更是不得不说。下面我们就简单介绍一下拉菲。

1. 历史起源

1354年，拉菲庄是由一位姓拉菲（Lafite）的贵族创立的，在14世纪时它就已经相当有名气。

1675年，当时世界的酒业一号人物西格公爵（J.D.Segur）购得拉菲

图11-1　拉菲庄1

庄，奠定了其贵族的气息。西格是个什么样的角色呢？从他同时拥有的顶级名庄拉图（Chateau Latour）、武当王（Chateau Mouton）和凯龙世家（Chateau Calon-Segur），我们就不难看出他在那个年代绝对是一位酒界叱咤风云的人物。法王路易十四就曾说过，西格家族可能是法国最富有的家族。

1755年，西格家族的第三代掌门人去世后，拉菲的产权进入了一段较为混乱的历史时期，但拉菲酒的品质依旧不让人失望。

1868年，在经过战乱和数易其主后，银行家罗特施德男爵（Baron de Rothschild）高价买下酒庄，成为拉菲的新主人，其家族经营一直延续至今。

1974年，埃里克·罗斯氏尔德男爵（Eric de Rothschild）成为现任庄主，他锐意革新、苦心经营，使拉菲摆脱了20世纪六七十年代短暂的平凡而重新达到巅峰。

法国葡萄酒享誉世界，而第一个官方的葡萄酒分级制度就是在1855年巴黎世博会上诞生的。波尔多在1855年对该区的名庄进行了评级。当时他们从多如繁星的庄园中选出了61个最优秀的名庄，叫作Grand Cru

图11-2　拉菲庄2

Classé（中文称“列级名庄”）。这61个名庄又分为5个级别，其中第一级有4个，它们分别是拉菲庄（Chateau Lafite）、拉图庄（Chateau Latour）、玛歌庄（Chateau Margaux）和奥比昂庄（Chateau Haut-Brion），拉菲排名第一。1973年木桐酒庄由二级庄荣升为一级庄，至此形成“波尔多五大名庄”。

2. 品质与个性

拉菲在世界上举足轻重的地位有目共睹，悠久的历史和独一无二的品牌影响力自然是其名声大震的原因，但支撑起品牌的更重要的是其自身的高品质。早在17世纪时，拉菲就是凡尔赛宫贵族们的杯中佳物，其独特的口感和卓越的品质早就俘获了品尝过它的贵族们。

在葡萄酒界有句不成文的俗语：葡萄酒百分之八十取决于好的葡萄，而好的葡萄又取决于得天独厚的自然条件。拉菲庄园的土壤及所处的气候（Micro Climate）可谓得天独厚，这为生产出高品质的葡萄酒提供了最基本的保障。拉菲庄园总面积有90公顷，每公顷种植8500棵葡萄树。其中赤

图11-3　拉菲庄的葡萄种植

霞珠（Cabernet Sauvignon）占70%左右，梅洛特（Merlot）占20%左右，其余为品丽珠（Cabernet Franc），平均树龄在40年以上。每年的产量大约为三万箱酒（每箱12支，每支750ml）。值得一提的是，拉菲的产量居所有世界顶级名庄之冠，不但有量的生产，更有质的保障，真可谓难能可贵啊。

拉菲庄的葡萄种植一直沿用着最传统的方法，基本不使用化学药物和肥料，采用小心的人工呵护、生物自我保护等方法，让葡萄完全成熟后再采摘。在采摘时熟练的工人直接从树上采摘筛选葡萄，只选择好的进行分类采摘，不好的不采摘。葡萄采摘后送进压榨前会被更高级的技术工人进行二次筛选，确保被压榨的每粒葡萄都达到高品质的要求。

在拉菲庄，每两三棵葡萄树才能生产一瓶750ml的酒，而且欧洲人力成本高，所以你应该理解为什么拉菲酒贵了。而且拉菲庄为了保护这些金贵的葡萄树，如没有总公司的特约，一般是不允许别人参观的。除此之外，拉菲庄还是出了名的愿花重金雇用最顶级酿酒大师的名庄。可以想象，在葡萄酒酿造过程中，每个环节他们都在追求完美，可以毫不夸张地说，他们不是在造酒，而是在创造一件艺术品。

拉菲酒庄的所有者罗斯柴尔德家族近年还收购了波尔多数家列级酒

图11-4 拉菲庄酒窖

庄，并在美国和南美等地收购了多家葡萄园。他们将自己的理念、技术与当地有特色的葡萄相结合，生产出一批批口感优越、价钱合理的产品。

3. 大小拉菲

拉菲酒庄以生产红葡萄酒为主。正牌酒为拉菲酒庄Chateau Lafite Rothchild，副牌酒为Carruades de Lafite，市场亲切地称其为“小拉菲”。“副牌”就是指其葡萄质量没有达到正牌的标准，并且在酿造过程中简化或是缩短了酿造程序而出产的酒。这些酒往往更容易入口，更适合在近期享用。

拉菲酒庄的红酒，通常要在不锈钢发酵罐中存放3个星期，再在新橡木桶中放18～24个月。酒庄的正牌酒单宁丰厚，可历经久藏。拉菲酒的个性温柔婉细，较为内向，花香、果香突出，芳醇柔顺，所以很多葡萄酒爱好者称拉菲为葡萄酒王国中的“皇后”。拉菲酒一般要等到10年左右她的面貌才会真正呈现出来。至于拉菲的品质特征，无论是哪个年份，都可借用一位品酒行家的赞语，“凡入口之拉菲，皆拥有杏仁与紫罗兰的芳醇。”

葡萄品种：卡本妮苏维翁80%～95%，梅洛特5%～20%，卡本妮弗朗克与小味儿多0%～5%。（只有两个年份极为特殊——1994年葡萄品种为99%的卡本妮苏维翁和1%小味儿多；1961年葡萄品种100%为卡本妮苏维翁。）

橡木桶陈酿：18～20个月（全部为新桶）。

平均年产量：15000～20000箱。

图11-5　拉菲庄酒标

副牌酒Carruades de Lafite（小拉菲），Carruades是指拉菲正牌酒葡萄园旁边的一块土地，自1845年起为拉菲庄园所拥有。1980年以前，拉菲庄园副牌酒叫作Moulin des Carruades，Moulin是磨坊的意思，全名可解释为“Carruades中的磨坊”，它与拉菲庄园正牌酒是分开销售的。后来，Carruades越来越频繁地用来标识拉菲的副牌酒，因此它正式更名为Carruades de Lafite。经过20年来苛刻标准的拉菲酒酿造使得副牌小拉菲也具有了与正牌相近的品质。由于它所含梅洛特的比例比正牌要高，加之其产地Carruades的风土特征，因此它又具有其独特的个性。

葡萄品种：卡本妮苏维翁50%～70%，梅洛特30%～50%，卡本妮弗朗克与小味儿多0%～5%。

橡木桶陈酿：18～20个月，采用新桶。

平均年产量：15000～20000箱。

11.1.2　拉图酒庄

中国有这么个说法，你请客人吃饭，里面没有个带“拉”的酒都不

图11-6 拉图酒庄

好意思说。顾名思义，所指的“拉”必然有拉菲，剩下的就是拉图了。拉图酒庄（Chateau Latour）也是1855年波尔多葡萄酒评级时的顶级葡萄酒庄之一，在“五大”中最为刚劲浑厚。早在18世纪它就已经为英国王室和贵族所欣赏，当时拉图酒就已经比其他波尔多酒贵20倍左右了。1787年，痴迷法国葡萄酒的美国前总统托马斯·杰弗逊就对拉图酒庄赞赏有加。1855年的分级进一步强化了拉图酒庄在酒界中的地位。

现在我们通常看到的拉图酒庄的圆形城堡照片，其实是17世纪兴建的信鸽楼。最早“拉图”是一座城楼，“latour”在法文中就是“城楼”的意思，早在1378年建在吉伦特河口的城楼，是兵家之要塞，然而随着战争的爆发，城楼逐渐消失，取而代之的是现在的信鸽楼。我们在拉图酒标上看到的一头雄狮骑在城楼上，描绘的就是城楼以前的原貌。

1. 酒庄历史

早在1718年拉图酒庄就开始酿造葡萄酒，而且当时其酿造的酒就有一定的影响力，价格也不便宜。

拥有拉菲酒庄的西格家族与拉图酒庄的女儿联姻，“葡萄酒王子”亚历山大从此接手酒庄，随后又购得木桐酒庄、凯隆世家酒庄，至此这位当时叱咤风云的葡萄酒大亨，可谓名副其实，集多家名庄于一身。西格家族拥有拉图酒庄到1962年。在这期间拉图酒的质量一年年上升，价格也都高于同属于第一集团名庄的酒。从一个侧面我们也能看出，“葡萄酒王子”对拉图庄的厚爱。

1963年，英资财团收购了拉图庄75%的股权，后追加到93%。直到1993年，英资股权被欧洲首富法国投资家毕诺（Pinault）以8600万英镑收购，拉图酒庄才重回法国人的怀抱。值得一提的是，“葡萄酒王子”死后，他家族的人虽拥有股权却无心管理酒庄，只好委托酒庄经理打理，使得经营权与所有权分离，这样就保留了连续250多年的资料，每年的酒庄账目和经营报告详尽完整。

2. 风土地理

我们前面已经讲过拉菲庄的风土条件得天独厚，那么拉图酒庄呢？其实不用向下看，我们就能够猜到，但凡好酒都离不开上天的恩赐，让世人羡慕的地理条件都是必不可少的。拉图酒庄位于波尔多西北50公里的梅多克分产区的波亚克村，气候、土壤条件得天独厚。在梅多克地区有一句谚语“只有能看得到河流（吉伦特河）的葡萄才能酿出好酒”，拉图就在离吉伦特河岸很近的地方，俯视着吉伦特河。正是因为吉伦特河，拉图的小气候得以突出，从而保证酒质稳定、独特。

酒庄一共拥有65公顷土地，其中只有47公顷可以用来酿造正牌酒Grand Vin de Chateau Latour，这块土地叫作Grand Enclos或Enclos。这块土地具有典型梅多克地区的地形特点，吉伦特河带来的鹅卵石使这里生长的葡萄酿出的酒香气馥郁、和谐平衡、口感醇厚、酒味有层次感。离吉伦特河岸大约300米有轻微的坡度，南北各有1条小溪流过，靠近吉伦特河岸的地方是一片青草地。葡萄品种以赤霞珠为主，占75%左右，梅洛特占20%；单宁丰厚；通常要几十年后才能成熟。

这里受大西洋海洋性气候影响，虽然气候适宜，但是有时候也会反复无常。冬季有时比较寒冷，初春通常寒冷而潮湿，晚春时节则较多雨水，这保证了葡萄发芽所需的水分。夏季通常比较温暖，在6月中旬以前雨水充沛，然后就会变得非常干燥，这样的天气环境造就了其生长的葡萄含糖及内含物丰富，香味十足。在秋天收获的季节，9月10日到10月20日之间通常是晴朗而温暖的好天气。但是，间或来的雨水有时也会让一年的辛苦大打折扣。拉图庄采摘也是很讲究的，要选择天气好的时候进行采摘，不成熟的葡萄同样等到下一批再来采摘，或者用于酿造副牌酒。正是由于这样

图11-7　拉图酒标

的风土和人为的细心严谨，才铸就了独一无二的拉图佳酿。

3. 酒庄产品

按照法国的传统观念，只有最好的葡萄园才能出最好的葡萄酒。因此，只有在那片47公顷的Grand Enclos葡萄园内、12年以上的老植株生长出来的葡萄才有初步资格用来酿造正牌酒。在酿造过程中，定期对酒的品质鉴定，若发现一些发酵罐内的酒质量达不到要求则被淘汰，不能用于酿造正牌酒。在如此精挑细选下，拉图酒庄平均每年只有55%的产量，约22万瓶，成为正牌酒。不好的年份，如1974年，正牌酒的产量更低到全部产量的25%。

最顶级的酒当然要有最好的待遇，正牌酒都在全新的法国橡木桶里陈年18个月以上。拉图的酒刚刚酿成时十分青涩，甚至有难以入口的感觉，需要在瓶中至少成熟10年。随着长时间的存放，单宁的味道逐渐变得细致绵长。好年份则需要15年，甚至更长。比如像1945和1947年这样的年份，50年后依然保持劲度，可以继续陈酿。拉图的正牌酒一贯酒体厚实，并有

图11-8　拉图正副牌酒标

丰满的黑加仑子、松露和细腻的黑樱桃等香味，在梅多克地区甚至是法国乃至世界中，它都是男人们的终极追求。

拉图副牌可以说是拉图的“大兄弟”。1966年开始酿造，它使用的葡萄有70%的赤霞珠（Cabernet Sauvignon）和30%的梅洛特（Merlot），品丽珠（Cabernet Franc）和小味儿多（Petit Verdot）有时根据情况添加一点，用来调节香气、颜色。“小拉图”的葡萄来自Grand Enclos以外的另外三块葡萄园，或者是Grand Enclos葡萄园内12年以下的年轻植株，或者酿造正牌酒过程中淘汰下来的酒，也会用于酿“小拉图”。“小拉图”在橡木桶里陈酿过18个月后方可装瓶上市，不过陈酿的木桶一半用的是全新的法国橡木桶，另一半用的是使用过一年的旧橡木桶。虽然是拉图的“二军酒”，但是“小拉图”的质量依然可以与顶级四等酒庄（Forth Growth）媲美。拉图酒庄平均每年生产“小拉图”15万瓶，占年产量的37%。

值得一提的是，拉图还会生产三等酒Pauillac，自1973年第一次生产，后来1974年和1987年又生产过，直至1990年之后才开始年年生产。Pauillac酒，主要是使用非Grand Enclos葡萄园出产的葡萄酿造，即使是三等酒，一款普通的AOC级别，同样也很值得我们期待。

将不能够满足最高标准的葡萄和酒液用于酿造二等、三等酒，既保证了正牌酒一贯的品质，又避免了资源浪费，一举两得。从中也看出法国人对Terroir的一贯忠诚和对品质的执著追求。达不到标准，宁可降级贱卖，也不会砸掉正牌酒的金字招牌。也正是这样的执著，才让法国在两百年的时间里一跃成为世界上生产最好葡萄酒的国家。同样，如果我们也能够将葡萄酒作为一件利于后代、利于千秋的事情来做，而不是只着眼于眼前，那么我国的葡萄酒也有这样的一天。

11.1.3 木桐庄

五大名庄中，如果选出一家最有个性、最有争议、最有传奇色彩的酒庄，那么非木桐庄不可了。木桐庄被有些文人称为“武当王”，其实无论用哪个名字，我们都感觉到它和中国的渊源不浅。比如，“木桐”与中国的古语“没有梧桐树，招不来金凤凰”不谋而合，而“武当”就更不用多说了，酒如其名，酒质刚烈强劲，复杂悠远，个性突出。

1. 酒庄历史

早在15世纪木桐庄就已经开始种植酿酒葡萄，但直到1730年Brame家族买下该地后盖上房子，该葡萄园才成为一个像样的酒庄。

他的后代Baron Hecter de Brane发现赤霞珠（Cabernet Sauvignon）在当地的气候、土壤等条件下很适合生长，因此大胆引进种植。没想到该庄竟然走对了路子，酿出的酒都很有特点，一时成为远近闻名的庄园。

1830年，木桐庄被Thurt家族收购，由于Thurt家族没有足够重视和照顾木桐庄，因此酒质有一定的下降。

1853年，富有的银行家Baron Nathaniel de Rothschild买下了该庄，从此木桐庄又重新走上正路。木桐庄也正式改名为Chateau Mouton-

图11-9　木桐庄1

Rothschild。购买酒庄后两年便是著名的1855年波尔多分级，木桐酒庄由于前面几任庄主的疏忽照顾，在短短两年内没能达到一级庄级别，遗憾地被列为二级葡萄园庄。当时波尔多“葡萄园分级联合会” 认为木桐虽然没有达到一级标准，但在二级中也是出类拔萃，所以特地将其列为二级头名。

从1921年只有20岁的Baron Philippe Rothschild走进庄园起，木桐庄便进入了辉煌时期。为躲避第一次世界大战，Barnon Philippe从巴黎跑到波尔多。在这段时间内，他被祖先留下的酒庄和葡萄酒深深迷住。于是他说服了父亲把酒庄交给他管理，从1922年开始，他正式成为酒庄的主管经营人。Baron Philippe的一生不单单为武当王酒庄，更是为波尔多酒事业的发展做出了巨大的贡献。他曾立下誓言：“我不能第一，却不甘第二，我就是我自己（木桐庄）。”他下重本提高酒的品质，从不把自己的酒看作是二级酒。所以在每年对酒定价时，他总是把价格和四大一级庄看齐，开出一样的盘口。经过50年的努力，终于在1973年得到了最大的回报。当年法国政府终于把1855年官方对波尔多列级名庄的评级做了唯一一次、也是为唯一一个酒庄的改动，即把木桐庄从二级升至一级。原来历史上的四大一级庄变成了五大，它们分别是拉菲庄、拉图庄、玛歌庄、奥比昂庄（红颜

图11-10　木桐庄2

容庄）和木桐庄（武当王）。升为一级庄后，Baron Philippe说“我现在第一，以往次之，木桐已变”，并将此句印在酒标上，以激励后辈。

1987年Baron Philippe去世，很多波尔多酒庄都为他下半旗。1988年，木桐庄由他女儿Philippine接手，并继承父亲遗志为葡萄酒和家族事业继续努力。Philippine的事业奋斗心不减其父。她出访世界各地，积极宣传葡萄酒的文化，推广波尔多酒，介绍武当王和家族的系列酒产品，在武当王庄设立葡萄酒文化博物馆供游人参观。近年又在智利开创酒园，并酿造出了很好的智利酒。

2. 酒庄风土

木桐庄的土地最早被称为Motte，意为土坡，即Mouton的词源。这些微微起伏的坡地砾石层非常深，有的地方可达12米，历来被认为可以种出最好的葡萄、酿出最好的酒。加之酿酒师的细心照顾，如果再碰上一个好的年份，可谓天时、地利、人和俱全了。酿出好酒真的就应了那句话：不需要我懂多少酿酒技术，我只是老老实实地做好一个农民，只是让葡萄本身的特点反映出来就是了。

木桐酒庄现在拥有82公顷葡萄园，其中种植的77%是赤霞珠，10%为品丽珠，11%为梅洛特，2%为小味儿多。葡萄园管理现代化，聘请葡萄种植专家负责，种植密度每公顷8500株，平均树龄45年。收获时同样是人工采摘，只采摘完全成熟的葡萄，放在篮子中送到酒坊。整个酿酒过程使用橡木桶发酵（木桐是当今一直使用像木发酵桶的少数波尔多酒庄之一）。发酵时间一般为21～31天，然后转入新橡木桶熟化18～22个月，每年产量在30万瓶左右。木桐酒庄拥有世界最先进的试验室，现任酿酒师帕特里克·莱恩（Patrick Léon）之前是波尔多农业商会监管下的酿酒实验室经理，对现代酿酒科技非常熟悉并重视。从这点来说，木桐庄的酒可以说是经过法国上千年的酿酒传统与现代科学结合而酿造出来的。

3. 酒庄产品

木桐庄的红葡萄酒以赤霞珠为主，根据年份不同，加入不同比例的品丽珠、梅洛特和小味儿多（Petit Verdot）。其酒色泽深红，香气浓郁，味道刚烈强劲，个性突出，有典型的赤霞珠特征（成熟的黑加仑子果味，咖啡、烤木香气，单宁劲道），在瓶中陈年7～15年方可饮用，是典型的男性酒，世界顶级收藏酒之一。太早饮用的武当王就像新世界酒一样粗犷，但果香丰盈。自1993年起木桐开始出产副牌酒“小木桐”（Le Petit Mouton de Mouton-Rothschild）。一上市定价就高于所有名庄的副牌，价钱甚至超过不少二级名庄。

图11-11　人工采摘的赤霞珠

说到木桐庄的酒，不能不说自1945年以后木桐酒标的特色。1945年第二次世界大战胜利后，木桐的酒标上加印了一个“V”字母，非对称的橄榄枝环绕着“V”，象征着和平的到来，蔓延的葡萄枝叶似乎随风飘动，以一种浪漫的方式将胜利、和平和葡

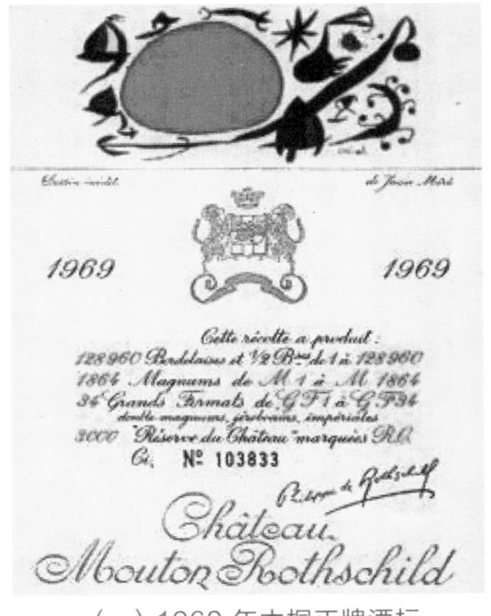

（a）1969 年木桐正牌酒标

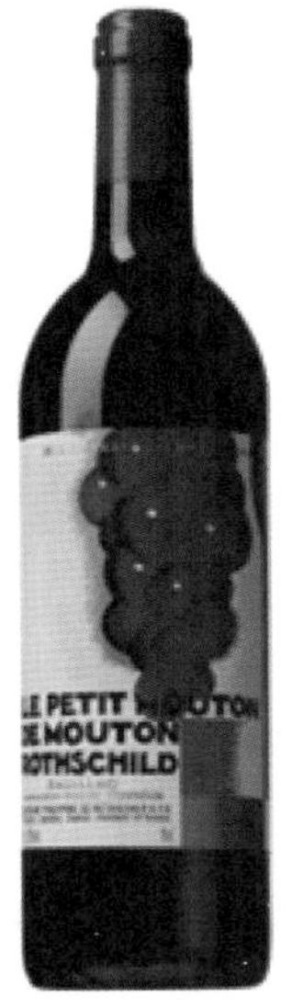

（b）小木桐

图11-12　木桐酒标

萄酒联结在一起。正因为与历史完美地结合，这款酒标成为设计经典。自1945年以后，酒庄每年都会邀请世界各地的著名画家作画，用以作为武当王这个年份的酒标。画家的报酬不是钱，而是五箱不同年份已达成熟期的武当王和五箱该年份的武当王。这也可以从侧面看出木桐酒的价值。说句题外话，1945年的木桐酒是20世纪的世纪之酒。1945年第二次世界大战胜利，也是波尔多20世纪中最佳年份之一，木桐庄酿出完美无缺、被酒评家评为满分的酒，大大高于顶级酒庄拉菲和拉图的评分。世界著名酒评家小罗伯特·帕克（Robert Parker, Jr.）这样评论这款酒：1945年的木桐酒是一款持之以恒的100分酒（他的评分为100分），是20世纪真正流芳百世的酒。52年后，在1997年帕克品评：果香丰富，口感浓郁醇厚，酒却依然年轻，认为可以再收藏50年，那就到2047年了。1996年的木桐酒酒标是由中国书画家古干创作的，而2008年的木桐酒标也是由中国画家徐累创作的。从这里也不难看出，我国葡萄酒市场之大令国外酒庄不敢小看，当然也不否认我国艺术家水平造诣之高。历年来名画家的真迹不但成为武当王的酒标，还为武当王酒庄建起了一个名画博物馆，成了波尔多的游客必去之地，也为武当王酒庄增添了浓厚的艺术气氛。其中最出名的一幅画要数1973年武当王酒标上的Picasso（毕加索）的《酒神祭》。

目前，木桐酒也有好多争议。比如好年份的木桐酒确实是流芳百世、百年难求的好酒，但是一些普通年份的酒，好多业内人士则认为有些对不起那个价格。我想这也是萝卜、青菜各有所爱，消费者或者爱好者一旦喜欢上了这个品牌，哪怕偶尔一般，他们也会认可。

11.1.4 奥比昂酒庄

奥比昂酒庄（Chateau Haut-Brion）是法国“五大名庄”之一。作为法国最显赫和最昂贵的酒庄之一，位于波尔多格拉芙地区的Pessac村。酒园的面积为109英亩（约44公顷），是“五大”中最小的庄园，却是最早成名的庄园，其出产的红酒体现出知性温婉的风格。每年的产量为12000～15000箱，其中80%用来出口。换言之，这些酒就像金子一样珍贵。这也是五大名庄中唯一一家不在梅多克产区的酒庄。梅多克，波尔多内的子产区，当年分级制度主要针对的也是梅多克地区的酒庄，因为那时候梅多克酒业已经相当发达。而奥比昂作为梅多克地区以外的酒庄能够入选第一级，可见它在当时也是声名显赫了。

1. 酒庄历史

1525年4月23日，利布尔纳市长的女儿珍妮·德·贝龙（Jeanne de Bellon）嫁给波尔多市“议会” 法庭书记让·德·波塔克（Jean de Pontac），嫁妆是在佩萨克一块被称为“Huat-Brion”的地。这个日子就是奥比昂酒庄的诞生日。

在4个世纪中，这家盛产皇室用酒的酒庄多次易主，拥有者当中更不乏历史上功绩不凡的人物，其中包括海军上将、大主教、法国第一统帅和吉耶纳地区执政官、三位波尔多市市长，以及才华横溢的Charles-Maurice de Talleyrand-Perigord （他买下酒庄的时候正值在外交部担任对外关系部长一职）。这些形形色色拥有显赫地位的人物显赫无形中又为奥比昂的优雅形象镶上了一道光辉的金边。而最后的一次易主让它成了美国人的产业，这位财大气粗的买家就是美国的银行家兼美国驻巴黎大使C.Douglas Dillon。

酒庄如今的拥有者是Clarence Dillon，美国人也许会因为Clarence Dillon在法国拥有这片顶级的葡萄园而洋洋得意。事实上在Dillon先生还未

图11-13　奥比昂酒庄

购买酒庄之前，80%的奥比昂红酒的出口目的地就是美国。所以，这个精明的生意人显然是完成了一桩非常赚钱的买卖。

图11-14　奥比昂酒庄葡萄园

图11-15　1994年奥比昂葡萄酒

图11-16　奥比昂酒标

2. 酒庄特色

奥比昂葡萄园只有43公顷，在顶级酒庄中最小。表层土壤为砂砾石土，次层土壤为黏土。酒庄种植了55%的赤霞珠、25%的梅洛特和20%的品丽珠葡萄，平均每株葡萄树的树龄达到30年。葡萄树修剪为双居约型，严格控制产量。种植密度每公顷8000棵的葡萄树每棵留八串葡萄，种植密度每公顷10000棵的葡萄树则每棵树留六串葡萄，以保证葡萄的品质。

不要被奥比昂古老的历史所迷惑，其实奥比昂还是一家大胆创新、敢于尝试新鲜事物的酒庄。1960年，在美国人的支持下，庄园的酿酒师大胆采用创新的不锈钢发酵桶技术酿酒。这可谓是与传统、与历史做斗争，一边是数百年波尔多名庄橡木桶的传统工艺酿造，一边是从来没有尝试过的新世界不锈钢发酵技术。如果革新不成功，可谓是“数百年”基业毁于一旦。故事的结局可喜可贺，1970年份的奥比昂在1976年大名鼎鼎的巴黎品酒会上获得了第四名的成绩。奥比昂独辟蹊径地创造了具有独特口感的新时代名庄红酒。

奥比昂口味丰富、成熟，风韵优雅，而又不乏力量。更值得一提的是，奥比昂的酒以稳定著称，无论哪一年份的酒，对于开瓶者来说都是上天的恩赐，都让人惊喜。我想这就是这么多酒迷痴迷奥比昂的原因吧。在如今的社会，有一款持之以恒能满足你味觉感的酒是多么求之不易。

2007年以前副牌酒标　　2007年以后副牌酒标

图11-17　奥比昂副牌酒标

Chateau Bahans Haut-Brion 是传承了奥比昂堡经典传统的副牌红酒。5大庄唯一个带有Chateau的副牌，说明这个副牌很早就有了。从2007年开始为纪念克兰斯·狄龙（clarence dillon）先生改名为 LE CLARENCE DE HAUT-BRION。

图11-18　奥比昂酒店

11.1.5　玛歌酒庄

玛歌酒庄是1855年波尔多葡萄酒评级时的顶级葡萄酒庄之一。玛歌（Margaux）在法语中有着女性的韵律，而玛歌庄葡萄酒恰如其名，以优雅、细腻、温柔、缠绵而著称。

现任玛歌酒庄的女主人是科丽娜·门采尔普洛斯。酒庄总经理兼酿酒师是 Paul Pontallier。科丽娜是希腊裔法国人。1977年，安德烈·门采尔普洛斯（Andre Mentzelopoulos是科丽娜的父亲）买了这个庄园，自此玛歌酒庄进入了它历史上最辉煌的时期。胡锦涛主席2001年访问法国时，法国政府还曾经特意安排胡主席参观了玛歌酒庄，并品尝了Chateau Margaux 1982。

图11-19　玛歌酒庄橡木桶

1. 酒庄历史

玛歌酒庄已有数百年历史。早在1787年，对法国葡萄酒痴迷有加的美国前总统托马斯·杰弗逊就曾将玛歌酒庄评为波尔多名庄之首。

图11-20 优质的葡萄树

玛歌庄的城堡是波尔多酒庄中最宏伟的城堡，置身于玛歌城堡中，让人荡气回肠，心旷神怡。壮丽城堡的建成应归功于Marguis de La Colonllio侯爵。他于1802年买下玛歌庄，花了14年的时间和精力设计并建造，终于在1816年完成了今天我们所见到的玛歌庄城堡。

图11-21 酒窖中存储的19世纪的玛歌葡萄酒

1836年De La Colonllia家族出售玛歌酒庄。后来玛歌酒庄又经过多次的转让，直到1934年玛歌庄由波尔多大酒商Ginestet家族购买并精心管理。20世纪70年代初，因为Ginester的经营不力，需要资金周转，所以决定出售固定资产玛歌庄。但是法国政府认为玛歌酒庄是法国人民重要的历史和文化遗产，所以千方百计阻挡外国买家的介入。最后Ginestet只能做出包括金钱等的各种让步，终于在1977年成功地卖给了在法国经营超市网络的希腊人Andre Mentezelopoulos家族，大量的人力和财力的投入使玛歌酒庄的酒质更上一层楼，达到了巅峰。

1980年Andre去世，他的产业留给女儿Corinne。1987年Corinne决定把家族产业和富有的意大利家族Agnelli合并，因此意大利人也自然地拥有了玛歌庄的部分产权。

2. 酒庄特色

玛歌酒庄的葡萄园占地82公顷，葡萄园种植了75%赤霞珠、20%美乐、5%品丽珠和小味儿多。另外，在玛歌村以外还有12公顷葡萄园全部种植Sauvignon Blanc（长相思），用于酿造玛歌白亭白葡萄酒。

玛歌酒庄产量的40%是正牌酒Chateau Margaux，50%是副牌酒玛歌红亭（Pavillon Rouge du Chateau Margaux），10%是一般酒玛歌白亭（Pavillon Blanc du Chateau Margaux，每年生产大约35000瓶）。玛歌酒庄的所有葡萄酒全部由波尔多酒商负责销售，其中75%是期酒。玛歌酒庄葡萄园土壤构成复杂，主要是砾石土壤，向阳性、透水透气性都非常好。土壤构成复杂，使玛歌庄可以种植多种葡萄品种。比如砾石土壤最适合赤霞珠，黏土壤则适合种植梅洛特。在不同土壤上种植不同品种的葡萄，为酒增添了浓郁度与复杂性，形成了其独特的风格。玛歌酒庄是“五大”中比较恪守传统的酒庄，不仅保持手工操作，而且仍然使用橡木发酵罐。正是这种传统工艺的传承，才使得玛歌的酒有种说不出的神秘和历史韵味，这也是我最喜欢的一个酒庄。

图11-22　修剪整齐的葡萄园

玛歌正牌酒标

玛歌副牌红亭酒标

图11-23　玛歌酒标

玛歌酒颜色柔美，气味香甜优雅，酒体结构紧密细致，入口温柔典雅，而且平易近人。玛歌酒喝起来舒服而易小醉，微微张开口，你会感觉口腔纯净清凉，恰似那润物细无声的春雨，让你在不知不觉中已经爱上了她。

图11-24　玛歌红酒

玛歌酒庄的红酒，通常要在发酵罐中放三个星期，再在新橡木桶中放18～24个月。酒庄的正牌酒单宁丰厚，可久藏，通常在20～30年后饮用为宜。

玛歌庄的副牌红酒叫PavillonRouge du Chateau Margaux，是波尔多最早的名庄副牌酒。玛歌生产副牌酒的历史已超过一百年。玛歌红亭继承了玛歌正牌的特点，典雅、细腻、余味悠长，让你不经意间就喜欢上。与玛歌正牌相比，红亭更平易近人，更容易让初饮者上口，而且所需陈酿时间短，对于心急的朋友，直接拿来喝也是不错的，价格也比较公道。值得一提的是，玛歌白亭也是波尔多知名的白葡萄酒。

11.2　问题2：波尔多八大名庄又指哪几家

我们已经把波尔多五大名庄介绍清楚了，可是我们在现实生活中又总听到所谓的波尔多八大名庄，那又指的是谁呢？第二个问题我们接着来说。

波尔多八大名庄，除了我们前面所说的“五大门派”级别的五大名庄，剩下的三家我们再一一介绍给大家。

11.2.1　白马庄

白马庄Chateau Cheval Blanc坐落于圣艾米隆法定产区。圣艾米隆列级名庄中排位第一级，A组的两个名庄中排名第一的酒庄（圣艾米隆的分级参考后面目录），也是近年来世人常称的波尔多八大名庄之一。可以这样讲，白马庄为圣艾米隆法定产区增色不少。

图11-25　白马庄1

图11-26　白马庄2

1. 酒庄历史

翻开白马庄的历史，你会发现，它不像前面五大名庄那样错综复杂。白马庄是圣艾米隆区同一家族拥有最长时间的酒庄。1852年Jean Laussac Fourcard与葡萄庄园大地主Ducasse家族的女儿Mlle Henriette结婚，白马庄就是Mlle Henriette的嫁妆。从此白马庄在Fourcard家族中世代相传，直至今天。1853年正式命名为白马庄，当时的白马庄并不出名，Jean Laussac接管后花了不少心血。他把该园全部种上葡萄树，精心管理，终于在1862年伦敦大赛和1878巴黎大赛中获金奖。现在你看到在白马庄酒酒标上位于左右的圆图就是当年所获的奖牌。让白马庄声名远扬的是19世纪末1893年、

图11-27　白马庄葡萄园

1899年和1900年几个非常引人注目的经典年份的酒，它们都基本得到了满分评价，款款都是可遇不可求的好酒。而1970年至1989年期间酒庄的董事长是家族的女婿Jacques Hebraud。他的祖父曾是波尔多的大酒商，父亲曾是海军上将，他本人是农科教授和波尔多大学校长。这样的家庭背景和崇高的学术及社会地位又将白马庄的声势再推向另一个高潮。

白马庄占地38公顷，面积不大。关于白马庄的命名，波尔多地区还有这么两个小故事。一个是说，以前酒庄的园地有一间别致的客栈，有位国王亨利常骑白色的爱驹路过此地休息，因此客栈就取名“白马客栈”，后来改为酒庄后也顺称白马庄；另一个故事则说，此地属飞卓庄时并未大面积种植葡萄，而是用作飞卓庄养马的地方，后出售并大面积种植葡萄成为酒庄，正式取名白马庄。

2. 酒庄产品

图11-28　白马庄酒

白马庄最大的优点是年轻与年长的酒都很迷人。年轻时会有一股甜甜的吸引人的韵味，酒力很弱，但经过十年后，白马庄酒又可以散发出很强、多层次、既柔又密的个性。1947年份的白马庄酒曾获得波尔多地区“本世纪最完美作品”的赞誉。为了充分利用其独特的土壤，他们按照比例种植了57%品丽珠葡萄。白马庄用品丽珠作为主要酿酒品种，这种极优雅的葡萄赋予白马庄酒无可比拟的芳香和口感。品丽珠的强劲单宁酸与梅洛特葡萄（41%）醇和的果香配合得恰到好处。收获时节，葡萄酒要平均带皮浸三个星期，使葡萄的颜色和香气尽可能地留在酒中，然后再进行陈酿发酵。正牌酒要全部在新的橡木桶陈酿18个月，而副牌酒小马（Petit Cheval）则在50%新的橡木桶陈酿12个月。

图11-29　白马庄副牌

11.2.2　欧颂庄

欧颂酒庄（Château Ausone）坐落在圣艾米隆（Saint Emilion）区南部的小山上，其酿酒历史可以追溯到中世纪，是波尔多重要的葡萄酒产区。欧颂酒庄出产的葡萄酒可以和白马酒庄（Château Cheval Blanc）齐名，两者在圣艾米隆分级中都被列为是第一特等酒庄A级（Premier Grand Cru Classé A）（圣艾米隆最高分级等级）。圣艾米隆也是波尔多的子产区，与梅多克一个左一个右都出产这无与伦比的美酒。

图11-30　欧颂庄1

图11-31　欧颂庄2

1. 酒庄历史

前面关于白马庄的历史，我们讲过两个小故事，说到欧颂庄的由来，那就更加神奇了。欧颂Ausone的名称始源于一个传说。故事是说在大约公

图11-32　欧颂庄葡萄酒开拓者

元320年（当时是罗马时代），罗马有一位著名诗人叫Ausonius，曾是罗马皇帝的太傅。后获封地于波尔多，是波尔多区域的总督并兼任当地最高书院的校长（相当于今天波尔多大学校长）。此君不单有权势而且文学造诣极高，深受人们的尊崇。Ausonius又是葡萄酒爱好者，他不但在很多的诗歌中宣传葡萄酒，而且将爱好付诸行动，开拓了不少葡萄种植园，成为波尔多葡萄酒最早的先驱。相传，欧颂庄现时的园地就是当年Ausonius的故居，此乃欧颂庄（Ausone）名称的来由。但欧颂庄是1781年才正式使用Chateau Ausone命名的。

欧颂庄成为引人注目的酒庄是从19世纪开始的。19世纪以前圣艾米隆区大部分地方用于普通农作物种植，只有少数的葡萄园，所造的酒也仅用于家庭饮用或有限的本地区销售，欧颂就是少数的酒园之一。19世纪中后期，欧颂庄的名气逐步跃升，成为当时圣艾米隆的第四位名庄。前三位分别是碧豪（Belair）、卓龙梦特（Trolong-Mondot）和大炮（Canon）。

进入20世纪初，欧颂庄再跃升为圣艾米隆区的第一号名庄，名气在白马庄之上。直至20世纪50年代，欧颂庄的园主及主管人在同一时期进入老化期，因此政务荒废，令欧颂庄进入了一段漫长的低潮期。这一时期欧颂庄的酒力薄弱，香气简单，没有一级名庄的风范。

20世纪70年代，欧颂庄的股权分别由Dubois-Challon夫人及Vauthier兄妹各占50%。1976年Dubois-Challon夫人大胆聘用了酿酒学专业刚刚毕业的年仅20岁的Pascal Decbeck为欧颂庄的酿酒师。当时因此事Vauthier兄妹与Dubois-Challon夫人争吵不休，并从此产生重大隔阂再也不相往来（此种尴尬关系并没因Pascal在日后将欧颂庄起死回生而有所改变）。Pascal到任后不负夫人所托，励精图治，改革创新，终于保住了欧颂庄与白马庄在圣艾米隆齐名的地位。

1997年Vauthier兄妹收购了Dubois-Challon夫人的50%股份而成为目前欧颂庄的全权拥有人。兄长Alain Vauthier亲自负责所有日常管理及酿酒事务。新政权一统后的几个年份欧颂庄酒都得到酒评人及葡萄酒爱好者的一致首肯。欧颂庄只有7公顷土地，年产2500箱左右。

图11-33　经历风霜的葡萄屹然挺立

2. 酒庄产品

图11-34　欧颂庄园酒

酒评家罗伯特·帕克认为，优秀的欧颂庄园酒适饮期随时能达到50～100年，是长寿之酒。酒评家的好评加上产量奇少导致其酒价大幅度攀升，在市场上也不容易发现它的身影。帕克也有一句话形容欧颂庄酒：“如果耐心不是您的美德，那么买一瓶欧颂庄园酒就没有什么意义！”欧颂口感特色：酒体丰满，单宁充足，口感充满黑莓和烧烤及巧克力味，余韵果实味道持久。要喝到平顺入口的欧颂，要等比较久的时间，至少15年它才会变得单宁中庸、颜色至美、香气集中而复杂。

欧颂副牌酒自1999年以来都能得到酒评家帕克90分以上的评分，属于优秀的副牌酒，酒质能与拉图副牌酒和奥比昂庄园副牌酒看齐。当年酒庄为了提高正酒的酒质，故推出副牌酒Chapelle d' Ausone，它的产量比正酒更少，只有数千瓶，而且推出以后很快就成了波尔多地区最贵的副牌酒。

图11-35　欧颂庄酒标

11.2.3　柏图斯庄

波尔多是当今世界上公认的顶级红酒区，那些售价不菲，被投资家追捧的名酒大多产自此地。波尔多最著名的四个优质红酒产区分别是梅多克（Medoc）、格拉芙（Graves）、圣艾米隆（St. Emilion）和宝物隆

（Pomerol）。宝物隆虽然没有梅多克那样的光辉历史，又是四大产区中最小的区域，但却是波尔多目前最璀璨的明珠。区内酒庄的数目只有不到200个，但这里的酒没有便宜货。主要原因当然是其区内的小气候（Micro Climate）和土壤（Terroir），加上小规模庄园式的精工细作，能酿造出不少稀世之珍，而其中的第一把交椅无可争议地由柏图斯夺得。

图11-36　柏图斯庄1

1. 酒庄介绍

看柏图斯庄设备这么简陋，你可不要以为它就是一家不起眼的小作坊。恰恰相反，他们把金钱或者说精力用在了真正影响葡萄酒质量的方面。柏图斯追求酿酒艺术的完美主义态度决定了它的高品质。借用酿酒师让·克洛德·贝旭（jean claude berrouet）的话说，“好酒不是靠高科技的发酵车间或者昂贵的酿酒设备来酿成的。”柏图斯庄园占地12公顷，年产量约5000箱酒，其选用的葡萄品种90%以上是梅洛特（Merlot）。柏图斯葡萄园的种植密度相当低，一般只是每公顷5000～6000棵。每棵葡萄树的挂果也只限几串葡萄，以确保每粒葡萄汁液的浓度。使用的树龄都在40～90年之间，采摘时间全部统一在干爽和阳光充足的下午，以确保阳光已将前夜留在葡萄上的露水晒干。如果阳光不够或风不够，他们会用直升

图11-37 柏图斯庄2

机在庄园上空把葡萄吹干才摘。采摘时他们会二百多人同时进行，一次性把葡萄摘完。酿造的过程，柏图斯也与众不同。首先他们全部采用全新的橡木桶，在1～2年的木桶陈酿中，每3个月就换一次木桶，让酒充分吸收不同橡木的香气。这种不惜成本的做法迄今为止无人能比。

图11-38 追求完美的柏图斯庄葡萄园

要成为世界级的名酒，一定要拥有伦敦和纽约的市场，而要成为世界一流的极品名酒，一定要得到白金汉宫和白宫的青睐。20世纪40年代初，英国女王伊丽莎白二世的订婚宴上柏图斯已成为皇室贵族们的杯中物。到1947年伊丽莎白女皇的婚宴上，柏图斯又一次成为女皇的挚爱。一时间从巴黎到伦敦，酒桌上没有柏图斯的餐厅就一定不是一流的餐厅。20世纪60年代JPM（Jean-

Pierre Moueix）入主柏图斯后，他令柏图斯攻入了白宫，成为肯尼迪总统的挚爱。

2. 酒庄产品

柏图斯庄的红酒售价是法国八大酒庄之中最贵的，不仅因为Petrus红酒的产量少得可怜，更因为它天赋的自然条件和极端苛刻的品质追求。在气候较差的年份，柏图斯庄会对葡萄进行深层精选，甚至会选择停产，例如1991年就没有生产柏图斯。柏图斯的特点是酒色深浓，气味芳香充实，酒体平衡，有成熟黑加仑子、洋梨、巧克力、牛奶、松露及多种橡木等香味。其味觉十分宽广，尽显酒中王者个性。柏图斯目前无论在品质上还是在价格上都凌驾于其他波尔多酒之上，成为名副其实的酒王之王。

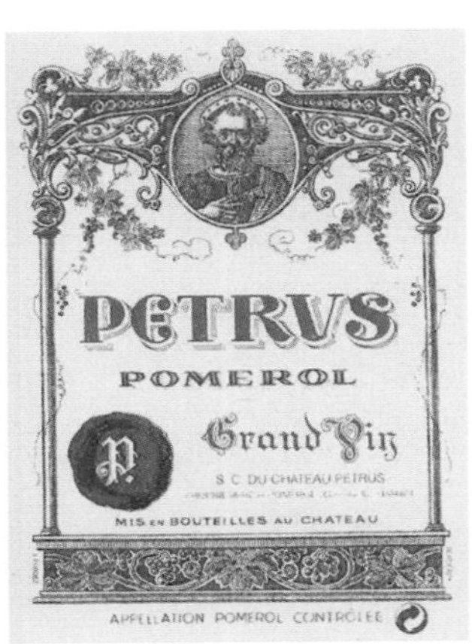

图11-39　酒王之王——柏图斯庄红酒

11.3　问题3：法国十大名庄又是指哪几家

有的时候别人问你，法国十大名庄有哪几家？这时候，难免有些困难，因为单指法国波尔多产区我们就可以说出八大名庄来，如果再加上法国其他产区的酒，那岂不是更多了？事实确实这样，如果非要说个法国十大名庄还有谁的话，我们也就只能把号称“千万富翁才能喝到的酒”罗曼尼·康帝堡和世界最贵的甜酒伊甘酒加上了。

图11-40　罗曼尼·康帝堡

图11-41　贵腐伊甘

11.4　问题4：法国十大产区是什么

说了这么多法国酒，那么法国十大产区都是什么呢？下面我们一一列举出来：

波尔多、勃艮第、香槟、阿尔萨斯、汝瓦尔河谷、薄若莱产区、罗纳谷产区、普鲁旺斯-科西嘉、朗格多克-鲁西隆产区、西南产区。

图11-42　法国十大产区图

11.5 问题5：波尔多又分哪些产区

波尔多简直就是葡萄酒世界里的圣域，而在波尔多产区，又可以大体分一下小产区：梅多克产区、格拉芙产区、苏玳产区、圣艾米隆产区、庞美罗产区、卡农弗朗萨克区等。

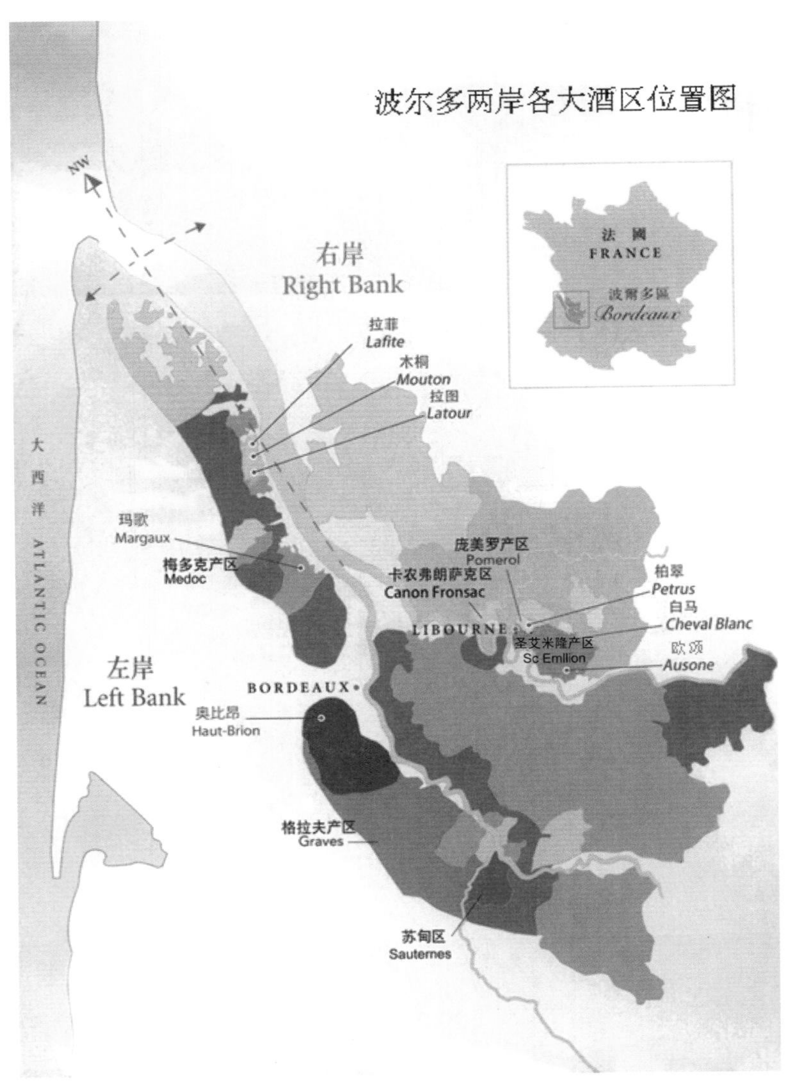

图11-43 波尔多地形图

11.6 问题6：法国的葡萄酒分级制度

法国的葡萄酒分级从高到低排列为：

（1）AOC原产地命名控制葡萄酒。

这种区分的范围从广泛的区域如波尔多到特指的一个葡萄园，如罗曼尼康帝。AOC所指的区域越具体，质量控制的条例就越多，涉及所使用的葡萄品种、产量控制、收获方法、葡萄园的管理、酿酒工艺、酒精含量和最终的口感。这些葡萄酒必须得到一个品尝小组的认可。

（2）VDQS特酿葡萄酒。

低于AOC的葡萄酒等级，对这个级别的葡萄酒也有关于产量、酒精含量等方面的管理，但是不像AOC级别的葡萄酒那样严格。VDQS级别的葡萄酒占法国葡萄酒产量的大约2%，需要在标签上注明。

（3）Vin de pays地区餐酒。

是日常饮用的葡萄酒，它们代表了各个特定区域葡萄酒的风格，产区主要分布在法国南部。大约有25%的法国葡萄酒属于这一级别。Vin de pays要与原产地相连接，这些原产地通常都是公社的名字，也必须标注在标签上。

（4）Vin de table餐酒。

市场上大量的葡萄酒属于这个类型，它们是每天饮用的葡萄酒，也就

图11-44　法国基隆河左右两岸

是法国的普通葡萄酒。那些不能划归到更高等级类型的葡萄酒，可能是因为达不到更高等级的质量要求或者是原初的标准。这类葡萄酒占法国葡萄酒的28%，主要在法国本土消费。

11.7　问题7：意大利有几大产区

意大利南部：包括Campania、Puglia、Basilicata、Calabria、Sicily、Sardinia等六个大区。

意大利中部：包括Tuscany、Umbria、Marche、Abruzzo、Lazio、Molise等6个大区。

意大利西北部：包括Emilia-Romagna、Valled' Aosta、Piemonte、Lombardy、Liguria等5个大区。

意大利东北部：包括Veneto、Friuli-Venezia Giulia、Alto Adige、Trentino等4个大区。

图11-45　意大利产区地图

11.8 问题8：意大利的葡萄酒分级制度

意大利的葡萄酒分级从低到高排列为：

（1）Vino da Tavola，简称VDT，意为Table Wine。

相当于法国葡萄酒等级中的Vin de Table，很大一部分是散装酒。只需要标注酒的颜色（Rosso，Bianco，Rosato）和生产者的名称，不需要标注年份、品种和产地。

（2）Indicazione Geografica Tipica，简称IGT，经常与法国的Vin de Pays相比较，但是产生背景不同。

IGT等级的葡萄酒必须在DOC或DOCG区域内种植生产，但是不能标注与DOC和DOCG相同的名称。IGT相当于DOC或DOCG产区内非法定品种酿造的葡萄酒。为了推行新的IGT等级，意大利政府规定：任何连续5年以上的IGT葡萄酒可以申请升级为DOC等级。

（3）Denominazione di Origine Controllata，简称DOC，相当于法国的AOC等级。

DOC在以下方面有严格规定：

- 使用的葡萄品种及各个品种的最大、最小使用比例。
- 每公顷土地葡萄的单位产量，葡萄的剪枝方式。
- 每公顷最大产酒量。
- 某些酒的酿造方法。
- 陈酿方法，某些酒或者某种等级，如Riserva的陈酿时间。
- 任何意大利酒都不允许加糖发酵。
- 销售前要经过严格的品尝和理化分析检测。

（4）Denominazione di Origine Controllata a Garantita，简称DOCG，是DOC的高级形态。

必须用瓶装，容量小于5L，需要进行更加严格的感官评测，一旦未通过感官评测，该年份会被降级至VDT。生产者要向管理机构申报产量，由管理机构核发粉色封条，贴在瓶口处。连续5年以上的DOC才有资格升级至DOCG，要求具有本地和国际上的知名度，并且对于意大利经济具有商业价值。

图11-46 鸟瞰理想的酒庄建设

11.9 问题9：西班牙著名葡萄酒产区有哪些

以下是西班牙几个比较知名的葡萄酒产区：

（1）在西南部的GALICIA（加利西亚）。

这是西班牙干白葡萄酒最出众的一个地方，一般干白的品质都具备相当的水平，是西班牙出优质干白最难得的一个产区，原因是这个地方气候凉爽潮湿，酿造的干白有果香丰富、酸度足等优势。

（2）CASTILLA Y LEON（卡斯提尔-莱昂）。

这个产区红、白、玫瑰红酒都出。最出色还是区内RIBERA DEL DUERO这个靠着斗罗河的红葡萄酒产区，据说是出产全西班牙顶级的红葡萄酒。VEGA SICILIA（西班牙国宝级酒）酒厂就在这个小产区。

（3）LA RIOJA（里奥哈）和NAVARRA（那瓦拉）。

这两个产区是普遍出产优质红葡萄的地方。尤其是里奥哈，在中国知名度相当于法国的波尔多。

（4）CASTILLA-LAMANCHA（卡斯蒂利亚-拉曼恰）。

出产普通葡萄酒的一个产区，葡萄酒产量非常大。

（5）CATALONIA（卡特鲁西亚）。

也是西班牙品质酒的一个产区，巴塞罗纳桃乐丝（TORRES）酒厂就在境内。这里有各种形态的葡萄酒，国际品种赤霞珠葡萄被广泛种植，而且这里的红葡萄酒和气泡酒CAVA都非常出名。

（6）VALENCIA（瓦伦西亚）。

这个产区近年来发展非常快，出现了越来越多优质的红葡萄酒。

（7）ANDALUCIA（安德鲁西亚）。

著名的雪莉酒产区，生产西班牙独特风味的不甜和甜的雪莉酒和白兰地。值得一提的是，雪莉酒可谓西班牙的国酒。

图11-47　西班b牙产区图介绍

11.10　问题10：西班牙的葡萄酒分级制度

意大利的葡萄酒分级从低到高排列为：

- VDM-Vino De Mesa，分级制度中最低的一级，常由不同产区的葡萄混合酿制而成。
- VC-Vino Comarcal，可标示葡萄产区，但对酿造无限制。
- VDLT-Vino De La Tierra，约等同于法国的Vin De Pays，规定不

多，产区范围大而笼统，为第三级。

- DO–Deromination De Origin，和法国AOC管制系统相当，管制比较严格。
- DOC–Denomination De Origin Califaada，最高等级，更严格地规定产区和葡萄酒的酿造过程。

图11–48　葡萄园成熟季节

11.11　问题11：美国葡萄酒产区有哪些

全美90%的葡萄酒产自加州。根据品种区域化和土壤气候条件，我们又将加州划分为5个具有特色的葡萄产区。

- 考施拉（COACHELLA）产区：以鲜食葡萄为主，占加州葡萄总面积的2%。
- 蒙特瑞（MONTEREY）产区：以鲜食葡萄为主，占加州葡萄总面积的9%。
- 弗瑞斯诺（FRESNO）产区：是加州最大的葡萄产区，加州葡萄70%集中在该地区，鲜食、酿酒和制干葡萄都有。
- 洛蒂（LODI）产区：占6%。

● 那帕（NAPA）产区：以酿酒葡萄为主，占13%。这里有10多个大、中型葡萄酒厂和数以百计的葡萄酒庄。

下图是加州详细葡萄酒产区图，其中鲜食为主的区域没有标注，标注出来的都是生产葡萄酒比较出名的产区，像罗斯福、橡树镇等小产区。

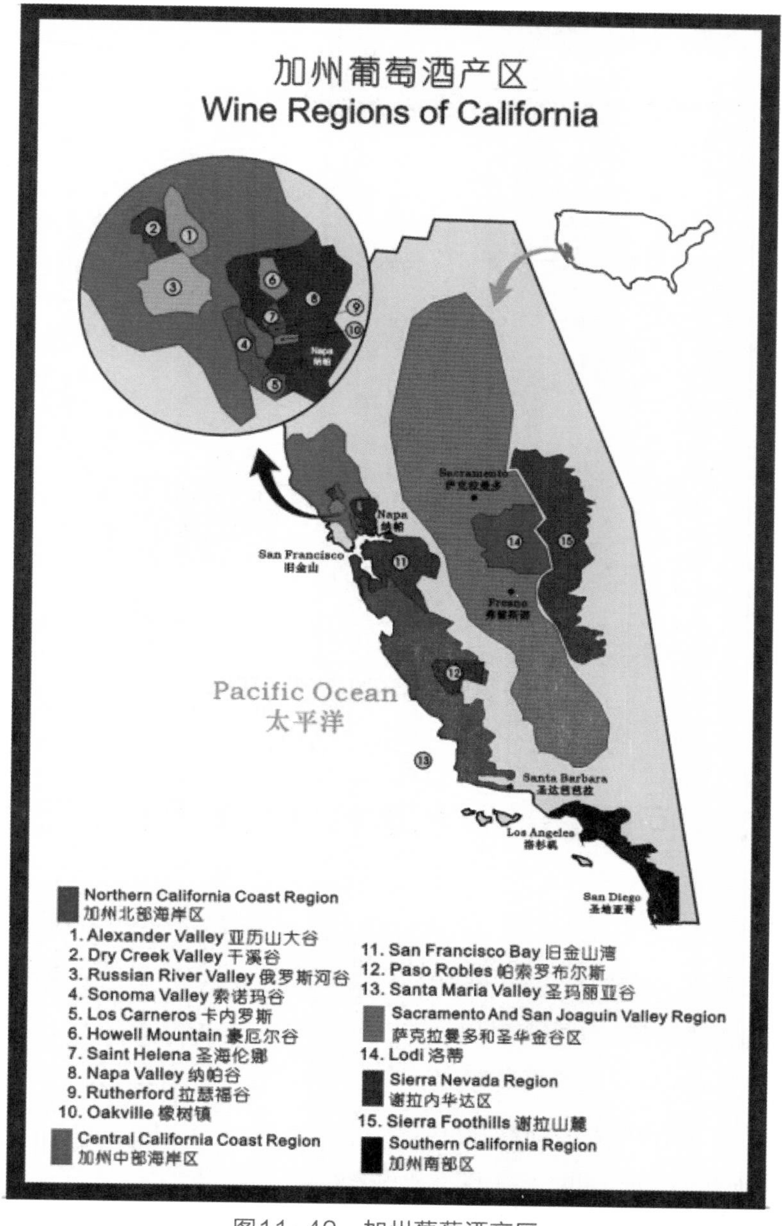

图11-49 加州葡萄酒产区

11.12　问题12：澳大利亚主要的葡萄酒产区有哪些

澳大利亚葡萄酒产区主要包括四大区，分别是南澳、新南威尔士、维多利亚、西澳，各区产量比例依次为8：4：2：1。

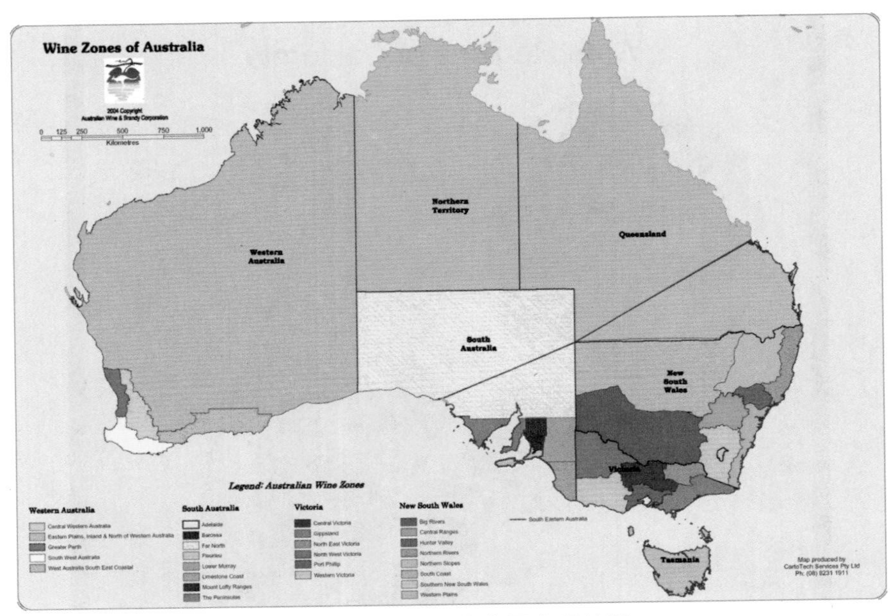

图11-50　澳洲葡萄酒产区地图

11.13　问题13：智利著名葡萄酒产区有哪些

智利葡萄酒大都以酿酒厂的名称作为品牌名称。产区从北到南，大体可以分为13个葡萄酒产区。相对于旧世界葡萄酒国家，新世界葡萄酒国家产区更简单、灵活，更突出酒厂品牌。

- Elgui Valley：依基山谷；
- Limari Valley：利玛尼山谷；
- Aconcagua Valley：亚冈卡加山谷；
- Casablanca Valley：卡萨布兰加山谷；

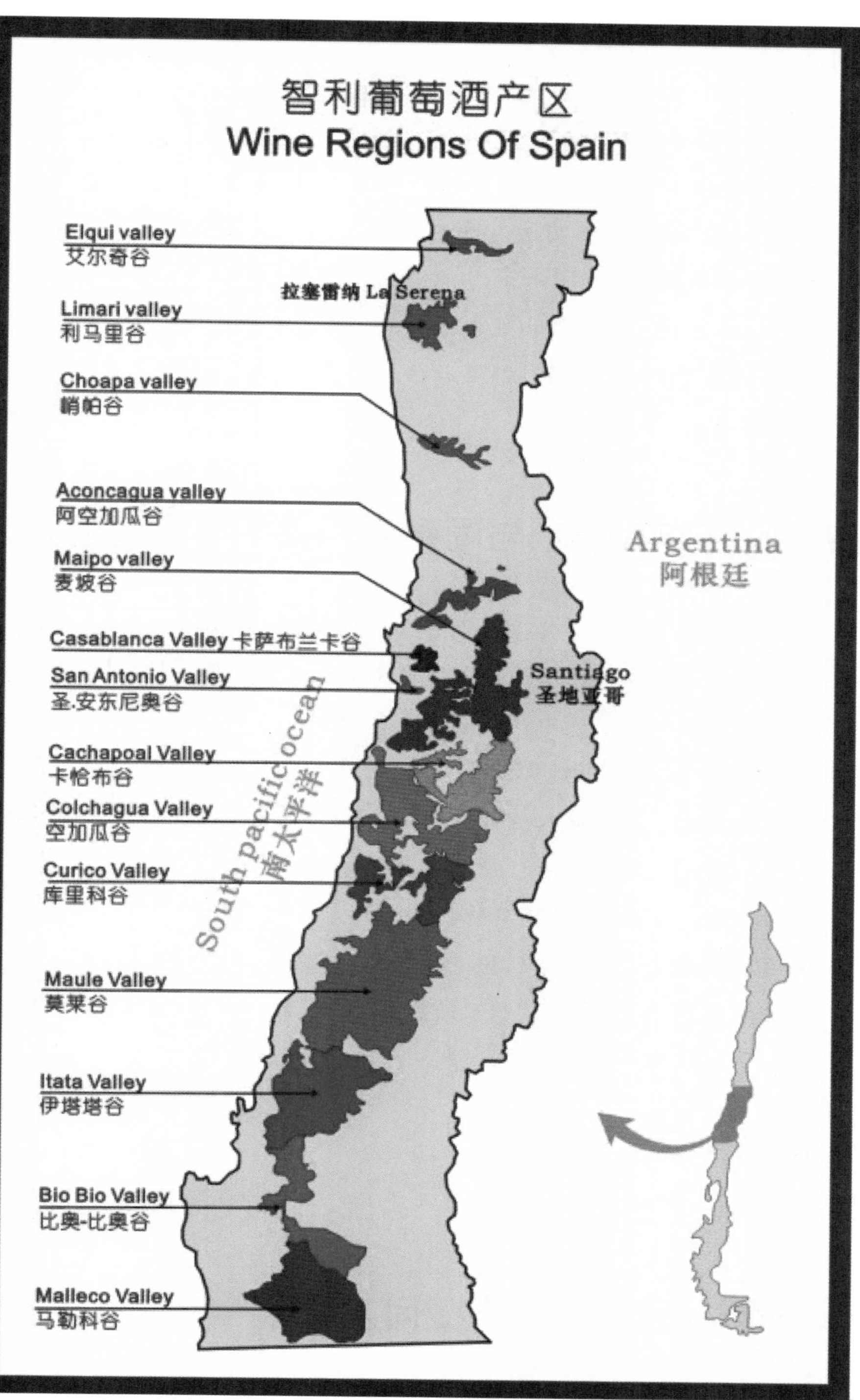

图11-51　智利葡萄酒产区

- Sanantonio Valley：圣安东尼山谷；
- Maipo Valley：米埔山谷；
- Cachapoal Valley：加查普山谷；
- Colchagua Valley：高查加山谷；
- Curico Valley：古力高山谷；
- Maule Valley：马利山谷；
- Itata Valley：依达他山谷；
- Biobio Valley：拜奥、拜奥山谷；
- Malleco：马利高山谷。

11.14　问题14：与葡萄酒相关的电影有哪些

葡萄酒历来与艺术、文艺分不开，那么同样爱好电影的你，是否发现有好多不错的电影都是与葡萄酒息息相关呢？试想周末晚上，坐在房间里，开一瓶好酒，赏一部电影，那可谓美到天了。我总结了一些与葡萄酒相关的还不错的电影推荐给大家。

- *Sideways*：《杯酒人生》
- *A Walk In The Clouds*：《云中漫步》
- *Babette's Feast*：《芭贝特的盛宴》
- *007 Series*：《007系列》
- *Conte D'Automne*：《秋天的故事》
- *A Good Year*：《美好的一年》
- *Mondovino*：《美酒家族》
- *Bottle Shock*：《酒瓶惊世》
- *Tu Sera Mon Fils*：《你是我儿子》

11.15　问题15：路在何方

答案：路一直都在！

"韩涛，起床了。你现在怎么每天什么也不做，就知道睡觉。快点起床，有人打好几遍电话了。"

"呃……谁？"

"你快起来，我不认识，说叫陈佳。"睡梦中听到小雨在客厅一直吵叫我起床。"陈佳？"一听到这个名字，我像触了电一样坐起来。这时小雨也进卧室了，坐到我身边，把手机给我。还非要我抱抱。

"都老夫老妻了，抱什么抱？"我象征性地抱了一下小雨，急忙拿起手机来查看。

"你回国半年了，每天晚上都说梦话，还常常叫一个陈好的名字，陈好是谁啊？"小雨在我看手机的时候，已经从厨房把早餐带到卧室里来了。她有个坏习惯，总是喜欢在床上吃早餐。说着她已经把被子掀到一边，爬到床上和我并排坐着了。只是我在翻手机，她则抱着面包牛奶吃得起劲。

"哦，是嘛，我怎么不记得啊？"我看手机上有三个未接电话，一条信息。"我是陈佳，听说你回来了，有个事想请你帮忙，行的话给我个回信儿。"

"陈佳？陈佳和你每天梦里喊的陈好是不是一个人啊？"小雨敏感地想到一块。

"你想什么呢？这陈佳是我一个高中同学，你不认识。梦里我也没喊过什么陈好！"我故意装作不耐烦的样子，好掩饰我在撒谎。

"好吧，我先不管了，你赶快起来洗刷，我妈妈今天来北京，我得去接她，你回头也去我家吧，我妈妈上次就想见见你，你都没有去。"

"嗯，好。你先去接你妈妈吧，我没有特别的事就过去，不就是见个丈母娘嘛。"我想尽快把小雨支走，好理一理思路。自从那年因为小雨和我分手而痛苦地跳下4楼后，脑子就不再那么好用，想多了总是头疼。

好像我的记忆总是停留在把兄弟们关在门外，我睡觉那个晚上。记得鬼使神差的，我爬上阳台跳了下去。之后的记忆都是模糊的片段，只是记得黏糊糊的血红的液体在身上流淌，开始还梦想到了充满葡萄酒的天堂，用舌头舔一舔却腥咸得难喝。再后来，呼啸的救护车和白大褂在我脑中窜来窜去。对，想起来了，还有一个坐在我身旁的女孩，可她明明不是小雨，明明是另一个人，陈好。

图11-52 落寞的狗尾巴草

都四年了，四年没有见面，她怎么知道我回国了？她怎么知道我手机号的？虽然我们一直通了四年邮件，可是我从没有告诉她我要回国，也从来没有说过我的感情，只是说了些彼此的学习生活。因为四年前她救了我，使我死掉的心重新复苏，重新去爱。接着也是她让我远离亲戚朋友，让我在外漂泊了四年。陈佳是我们去五台山求佛时，算命先生说她命中缺土，我当下给她换的名字。“陈佳吧，佳就全是土了，也和你的‘好’一个意思，以后我就叫你陈佳了。”“你给我滚！小心老娘一脚把你踹下山去。”她那霸道的语言还时常在耳边响起。现在想想就像发生在昨天的事。

她不会知道我现在和小雨在一块吧？如果知道会又怎么看我呢？何必想那么多呢？你们现在是朋友，她只是想找你帮个忙，说不准只是想见见面，或者只是想借一本书什么的。你何必在心里还乱成这样呢？你还是那个任人摆布的痴情男吗？我的心在打架，不知道如何是好。

对，我已经变了，小雨在我身边就是最好的证明。我现在是一个心胸狭窄、人面兽心的家伙。我要报复所有伤害我的人，我要玩弄别人的感情，不管怎么样，我不会再受伤。想到这些，心里那个柔弱、担心、善良的小孩终于还是被打倒了，我也淡定从容了不少。

“兵来将挡，水来土掩，爷走过一遭阎王殿，怕谁？”我边洗刷边对着镜子和自己说。

“老公，你在自言自语说什么呢？早餐在卧室，我先走了，你收拾家吧！”小雨从客厅急急忙忙地边穿外衣边和我说。

“我爱你，亲……”我还没来得及说什么，小雨向我的方向亲一个飞吻，就急匆匆地“当”把门带死出去了。

如果没有中间发生的一切，我真的怀疑我要娶眼前这个姑娘了。她对我那样好，对我那样温柔。可是我从心底不能原谅她，她的背叛，她四年的背叛。现在的我只是为复仇表现出爱。刷着牙想到这里，不由地恶心了一口。匆匆洗刷完，换身衣服，想想怎么回复陈佳。

“呃……你怎么知道是我？什么事？刚回国很忙。”我这样给她回复。因为我要表现出我们还是朋友，你有事我要帮助，但是因为彼此伤害过，我不想和你过多地来往。从心底里，我对她还是没有报复心理的。不知道是因为她聪明，还是因为我实在太喜欢她，不忍心伤害她。

没多久，她回信息来了。“帮不帮吧，来个痛快的，你要有空今天下午老地方见。”她回复信息总是很迅速，这也是我喜欢她的原因。而回复的内容总是不着调，很霸道。

我没有再回复她，因为今天下午我还要见小雨妈妈，都应付了好几次了，要不然，复仇的计划都要泡汤了。

图11-53 中国宁夏优质的葡萄树

“涛子，做什么呢？你猜什么事，告诉你个让人高兴的消息。”这时候老大天顺给我打电话来。有的时候确实很是感谢上帝，不但让我再活一次，而且我的好朋友四年后多数都还在我身边。天顺毕业后，从事了金融行业，现在在金融界混得风生水起。

你叫我还有什么事？是不是有内部消息，有个好股票啊？”我嘴里叼着面包，头上夹着电话，手上整理着被子。

“你死了没埋啊？怎么听不见说什么啊？”天顺在那边大吵，听着很乱。

“是啊，没埋，埋了还怎么和你说话啊！”我没有理他，边吃边说。

“你快点出门吧，去我们的老地方，你都不知道，刘夏从俄罗斯回来了，在北京转机，今晚大家聚聚！”天顺那边又说了几句，就草草挂了，最后叫我一定来。

我嘴里的面包，头上的手机，一块掉到了地上。双手扯着被子，僵在了半空。刘夏？这个人从我的世界都走了六年了，她回国了？天顺怎么和她联系上的？是一块聚聚，还是有什么事？还和我有关系吗？当年一句话不说地离我而去，现在又回来，我们都是陌生人了。去还是不去？脑子又乱作了一团。

楼下收破烂的三轮车，今天竟然出奇地放着陈奕迅的《好久不见》，之前都是放《爱情买卖》的。

“我多么想和你见一面
看看你最近改变不再需说从前
只是寒暄对你说一句
只是说一句
好久不见”
…………

我不能再在屋里发呆了，我穿上衣服下楼去，想先理个发。因为无论去哪，见哪个，都该打起精神。到楼下，那收破烂的有点问题的哥们已经换歌曲了。

That's just life 寻找梦里的未来
That's just life 笑对现实的无奈
不能后退的时候
不再彷徨的时候
永远向前路一直都在
That's just life 徘徊到不再
That's just life 重来到不怕重来
没有选择的时候

不能选择的时候

永远向前

路一直都在……

那帅哥看到我，竟然破例和我点了一下头，以前他的作风都是很高傲的。我也很识趣，和他搭了一句话“这是什么歌啊？挺好听。”

“这是周杰伦的《稻香》。”他目光艰难地从音箱那边转向我，吃力地说。

结束语：

至此本书《葡萄酒就那么简单》所涵盖的知识都基本讲完了。至于你掌握得如何，只有靠你自己来衡量了。你是否已经成为一个葡萄酒“山寨”大师，可以和别人分享自己的葡萄酒知识了？或者已经可以和别人一块儿分享品尝葡萄酒的快乐和心得了？不管怎么样，我们都还是葡萄酒道路上的新人，希望我们以后能够本着谦虚谨慎的态度来好好学习相关知识，同时本着“好酒与友分享”的理念和大家一块儿来品尝葡萄酒，一块儿探讨心得。相信只要我们持之以恒地做下去，在不久的将来真有可能成为大师。

附录

❶ 1855年梅多克地区（Medoc）列级酒庄名

五大顶级酒庄 Premiers Crus

Chateau Lafite-Rothschild （Pauillac）

Chateau Margaux （Margaux）

Chateau Latour （Pauillac）

Chateau Haut-Brion Pessac （Graves）

Chateau Mouton-Rothschild （Pauillac）

二级酒庄 Secondes Crus

Chateau Rausan-Ségla （Margaux）

Chateau Rausan-Gassies （Margaux）

Chateau Léoville-Las Cases （Saint-Julien）

Chateau Léoville-Poyer （Saint-Julien）

Chateau Léoville-Barton （Saint-Julien）

Chateau Durfort-Vivens （Margaux）

Chateau Gruaud-Larose （Saint-Julien）

Chateau Lascombes （Margaux）

Chateau Brane-Cantenac （Margaux）

Chateau Pichon-Longueville （Pauillac）

Chateau Pichon-Longueville-Comtesse de Lalande （Pauillac）

Chateau Ducru-Beaucaillou （Saint-Julien）

Chateau Cos-d' Estournel （Saint-Estèphe）

Chateau Montrose （Saint-Estèphe）

三级酒庄 Troisiè mes Crus

Chateau Kirwan （Margaux）

Chateau d' Issan （Margaux）

Chateau Lagrange （Saint-Julien）

Chateau Langoa-Barton （Saint-Julien）

Chateau Gisvours （Margaux）

Chateau Malescot-Saint-Exupéry （Margaux）

Chateau Boyd-Cantenac （Margaux）

Chateau Cantenac-Brown （Margaux）

Chateau Palmer （Margaux）

Chateau LaLagune （Haut-Médoc）

Chateau Desmirail Cantenac（Margaux）

Chateau Calon-Ségur （ Saint-Estèphe）

Chateau Ferrière （Margaux）

Chateau Marquis-d' Alesme-Becker （Margaux）

四级酒庄 Quatrièmes Crus

Chateau Saint-Pierre （Saint-Julien）

Chateau Talbot （Saint-Julien）

Chateau Branaire-Ducru （Saint-Julien）

Chateau Duhart-Milon-Rothschild （Pauillac）

Chateau Pouget （Margaux）

Chateau La Tour-Carnet （Haut Médoc）

Chateau Lafon-Rochet （Saint-Estèphe）

Chateau Beychevelle （Saint-Julien）

Chateau Prieuré- Lichine （Margaux）

Chateau Marquis-de-Terme （Margaux）

五级酒庄 Cinquièmes Crus

Chateau Pontet-Canet （Pauillac）

Chateau Batailley （Pauillac）

Chateau Haut-Batailley（Pauillac）

Chateau Grand-Puy-Lacoste（Pauillac）

Chateau Grand-Puy-Ducasse（Pauillac）

Chateau Lynch-Bages（Pauillac）

Chateau Lynch-Moussas（Pauillac）

Chateau Dauzac（Margaux）

Chateau D’Armailhac（Pauillac）

Chateau du Tertre（Margaux）

Chateau Haut-Bages-Libéral（Pauillac）

Chateau Pédesclaux（Pauillac）

Chateau Belgrave（Haut-Médoc）

Chateau de Camensac（Haut-Médoc）

Chateau Cos-Labory（Saint-Estèphe）

Chateau Clerc-Milon（Pauillac）

Chateau Croizet-Bages（Pauillac）

Chateau Cantemerle（Haut-Médoc）

❷ 1855年苏玳与巴萨克区（SAUTERNES&BARSAC）酒庄分级列表

顶级白葡萄酒庄 Premier Cru Supérieur

Chateau d’Yquem（Sauternes）

一级白葡萄酒庄 Premiers Crus

Chateau La Tour-Blanche（Bommes）

Chateau Lafaurie-Peyraguey（Bommes）

Chateau Clos Haut-Peyraguey（Bommes）

Chateau de Rayne-Vigneau（Bommes）

Chateau Suduiraut（Preignac）

Chateau Coutet（Barsac）

Chateau Climens（Barsac）

Chateau Guiraud（Sauternes）

Chateau Rieussec（Fargues Sauternes）

Chateau Rabaud-Promis（Bommes）

Chateau Sigalas-Rabaud（Bommes）

二级白葡萄酒庄 Deuxièmes Crus

Chateau Myrat（Barsac）

Chateau Doisy-Daene（Barsac）

Chateau Doisy-Dubroca（Barsac）

Chateau Doisy-Védrines（Barsac）

Chateau d' Arche（Sauternes）

Chateau Filhot（Sauternes）

Chateau Broustet（Barsac）

Chateau Nairac（Barsac）

Chateau Caillou（Barsac）

Chateau Suau（Barsac）

Chateau de Malle（Preignac）

Chateau Romer（Fargues）

Chateau Romer-du-Hayot（Fargues）

Chateau Lamothe（Sauternes）

③ 格拉夫GRAVES产区葡萄酒庄分级表

红葡萄酒

Chateau Bouscaut（Cadaujac）

Chateau Haut-Bailly（Léognan）

Chateau Carbonnieux（Léognan）

Domaine de Chevalier（Léognan）

Chateau de Fieuzal（Léognan）

Chateau d' Olivier（Léognan）

Chateau Malartic-Lagravière（Léognan）

Chateau La Tour-Martillac（Martillac）

Chateau Smith-Haut-Lafitte（Martillac）

Chateau Haut-Brion （Pessac）

Chateau La Mission-Haut-Brion （Talence）

Chateau Pape-Clément （Pessac）

Chateau Latour-Haut-Brion （Talence）

白葡萄酒

Chateau Bouscaut （Cadaujac）

Chateau Carbonnieux （Léognan）

Chateau Domaine de Chevalier （Léognan）

Chateau d' Olivier （Léognan）

Chateau Malartic Lagravière （Léognan）

Chateau La Tour-Martillac （Martillac）

Chateau Laville-Haut-Brion （Talence）

Chateau Couhins-Lurton （Villenave d' Ornan）

Chateau Couhins （Villenave d' Ornan）

Chateau Haut-Brion （Pessac）

④ 圣艾米隆（SAINT-EMILION）地区的酒庄分级

顶级酒庄 PREMIERS GRANDS CRUS CLASSES A级

Chateau AUSONE

Chateau CHEVAL BLANC

顶级酒庄 PREMIERS GRANDS CRUS CLASSES B级

Chateau ANGéLUS

Chateau BEAU-SéJOUR BéCOT

Chateau BEAUSéJOUR （DUFFAU-LAGAROSSE）

Chateau BELAIR

Chateau CANON

Chateau FIGEAC

Chateau LA GAFFELIERE

Chateau MAGDELAINE

Chateau PAVIE

Chateau TROTTEVIEILLE

Clos FOURTET

一级酒庄 GRANDS CRUS CLASSES

Chateau BALESTARD LA TONELLE

Chateau BELLEVUE

Chateau BERGAT

Chateau BERLIQUET

Chateau CADET BON

Chateau CADET-PIOLA

Chateau CANON LA GAFFELIERE

Chateau CAP DE MOURLIN

Chateau CHAUVIN

Chateau CLOS DES JACOBINS

Chateau CORBIN

Chateau CORBIN-MICHOTTE

Chateau CURé BON

Chateau DASSAULT

Chateau FAURIE-DE-SAUCHARD

Chateau FONPLéGADE

Chateau FONROQUE

Chateau FRANC MAYNE

Chateau GRAND MAYNE

Chateau GRAND PONTET

Chateau GUADET SAINT-JULIEN

Chateau HAUT CORBIN

Chateau HAUT SARPE Saint-Christophe des Bardes

Chateau L’ ARROSéE

Chateau LA CLOTTE

Chateau LA CLUSIERE

Chateau LA COUSPAUDE

Chateau LA DOMINIQUE

Chateau LA SERRE

Chateau LA TOUR DU PIN-FIGEAC (Giraud-Belivier)

Chateau LA TOUR DU PIN-FIGEAC (J.M. Moueix)

Chateau LA TOUR FIGEAC

Chateau LAMARZELLE

Chateau LANIOTE

Chateau LARCIS DUCASSE Saint-Laurent des Combes

Chateau LARMANDE

Chateau LAROQUE Saint-Christophe des Bardes

Chateau LAROZE

Chateau LE PRIEURé

Chateau LES GRANDES MURAILLES

Chateau MATRAS

Chateau MOULIN DU CADET

Chateau PAVIE DECESSE

Chateau PAVIE MACQUIN

Chateau PETITE FAURIE DE SOUTARD

Chateau RIPEAU

Chateau SAINT-GEORGE COTE PAVIE

Chateau SOUTARD

Chateau TERTRE DAUGAY

Chateau TROPLONG-MONDOT

Chateau VILLEMAURINE

Chateau YON-FIGEAC

Clos DE l' ORATOIRE

Clos SAINT-MARTIN

Couvent DES JACOBINS

❺ 2003年 Cru Bourgeois 中级酒庄名单列表

Crus Bourgeois Exceptionnels（精选中级酒庄9个）

Chateau Chasse-Spleen（Moulis-en-Médoc）

Chateau Haut-Marbuzet（Saint-Estèphe）

Chateau Labegorce Zédé（Soussans, Margaux）

Chateau Ormes-de-Pez（Les）（Saint-Estèphe）

Chateau Pez（de）（Saint-Estèphe）

Chateau Phélan Ségur（Saint-Estèphe）

Chateau Potensac（Ordonnac, Médoc）

Chateau Poujeaux（Moulis-en-Médoc）

Chateau Siran（Labarde, Margaux）

Crus Bourgeois Superieurs（特级中级酒庄87个）

Chateau Agassac（d'）（Ludon-Médoc）

Chateau Angludet（d'）（Cantenac, Margaux）

Chateau Anthonic（Moulis-en-Médoc）

Chateau Arche（d'）（Ludon-Médoc）

Chateau Arnauld（Arcins, Haut-Médoc）

Chateau Arsac（d'）（Arsac, Margaux）

Chateau Beaumont（Cussac-Fort-Médoc）

Chateau Beau-Site（Saint-Estèphe）

Chateau Biston-Brillette（Moulis-en-Médoc）

Chateau Boscq（Le）（Saint-Estèphe）

Chateau Bournac（Civrac, Médoc）

Chateau Brillette（Moulis-en-Médoc）

Chateau Cambon La Pelouse（Macau, Haut-Médoc）

Chateau Cap-Léon-Veyrin（Listrac-Médoc）

Chateau Cardonne（La）（Blaignan, Médoc）

Chateau Caronne Sainte-Gemme（Saint-Laurent-Médoc）

Chateau Castera（Saint-Germain-d' Esteuil, Médoc）

Chateau Chambert-Marbuzet（Saint-Estèphe）
Chateau Charmail（Saint-Seurin-de-Cadourne, Haut-Médoc）
Chateau Cissac（Cissac-Médoc）
Chateau Citran（Avensan, Haut-Médoc）
Chateau Clarke（Listrac-Médoc）
Chateau Clauzet（Saint-Estèphe）
Chateau Clément Pichon（Parempuyre, Haut-Médoc）
Chateau Colombier-Ponpelou（Pauillac）
Chateau Coufran（Saint-Seurin-de-Cadourne, Haut-Médoc）
Chateau Crock（lE）（Saint-Estèphe）
Chateau Dutruch Grand Poujeaux（Moulis-en-Médoc）
Chateau Escurac（d'）（Civrac, Médoc）
Chateau Fonbadet（Pauillac）
Chateau Fonréaud（Listrac-Médoc）
Chateau Fourcas Dupré（Listrac-Médoc）
Chateau Fourcas Hosten（Listrac-Médoc）
Chateau Furcas Loubaney（Listrac-Médoc）
Chateau Giana（du）（Saint-Julien-Beychevelle）
Chateau Grands Ch ê nes（Les）（Saint-Christoly-de-Médoc）
Chateau Gressier Grand Poujeaux（Moulis-en-Médoc）
Chateau Greysac（Bégadan, Médoc）
Chateau Gurgue（La）（Margaux）
Chateau Hanteillan（Cissac-Médoc, Haut-Médoc）
Chateau Haut-Bages Monpelou（Pauillac）
Chateau Haye（La）（Saint-Estèphe）
Chateau Labegorce（Margaux）
Chateau Lamarque（de）（Lamarque, Haut-Médoc）
Chateau Lamothe Bergeron（Cussac-Fort-Médoc）
Chateau Lanessan（Cussac-Fort-Médoc）
Chateau Larose Trintaudon（Saint-Laurent-Médoc）

Chateau Lestage（Listrac-Médoc）
Chateau Lestage Simon（Saint-Seurin-de-Cadourne）
Chateau Lilian Ladouys（Saint-Estèphe）
Chateau Liversan（Saint-Sauveur, Haut-Médoc）
Chateau Loudenne（Saint-Yzans-de-Médoc）
Chateau Malescasse（Lamarque, Haut-Médoc）
Chateau Malleret（de）（Le Pian-Médoc）
Chateau Maucaillou（Moulis-en-Médoc）
Chateau Maucamps（Macau, Haut-Médoc）
Chateau Mayne Lalande（Listrac-Médoc）
Chateau Meyney（Saint-Estèphe）
Chateau Monbrison（Arsac, Margaux）
Chateau Moulin à Vent（Moulis-en-Médoc）
Chateau Moulin de La Rose（Saint-Julien-de-Beychevelle）
Chateau Ormes Sorbet（Les）（Couqueques, Médoc）
Chateau Paloumey（Ludon-Médoc）
Chateau Patache d' Aux（Begadan, Médoc）
Chateau Paveil de Luze（Soussans, Margaux）
Chateau Petit Bocq（Saint-Estèphe）
Chateau Pibran（Pauillac）
Chateau Ramage La Batisse（Saint-Sauveur, Haut-Médoc）
Chateau Reysson（Vertheuil, Haut-Médoc）
Chateau Rollan de By（Bégadan, Médoc）
Chateau Saransot-Dupré（Listrac-Médoc）
Chateau Ségur（Parempuyre, Haut-Médoc）
Chateau Sénéjac（Le Pian-Médoc）
Chateau Soudars（Saint-Seurin-de-Cadourne, Haut-Médoc）
Chateau Taillan（du）（Le Taillan-Médoc）
Chateau Terrey Gros Cailloux（Saint-Julien-Beychevelle）
Chateau Tour de By（La）（Bégadan, Médoc）

Chateau Tour de Mons（La）（Soussans, Margaux）

Chateau Tour de Pez（Saint-Estèphe）

Chateau Tour du Haut Moulin（Cussac-Fort-Médoc）

Chateau Tour Haut Caussan（Blaignan, Médoc）

Chateau Tronquoy-Lalande（Saint-Estèphe）

Chateau Verdignan（Saint-Seurin-de-Cadourne, Haut-Médoc）

Chateau Vieux Robin（Bégadan, Médoc）

Chateau Villegorge（de）（Avensan, Haut-Médoc）

Crus Bourgeois（中级酒庄151个）

Chateau Andron Blanquet（Saint-Estèphe）

Chateau Aney（Cussac-Fort-Medoc）

Chateau Arcins（d'）（Arcins, Haut-Medoc）

Chateau Argenteyre（L'）（Begadan, Medoc）

Chateau Aurilhac（d'）（Saint-Seurin-de-Cadourne, Haut-Medoc）

Chateau Balac（Saint-Laurent-Medoc）

Chateau Barateau（Saint-Laurent-Medoc）

Chateau Bardis（Saint-Seurin-de-Cadourne, Haut-Medoc）

Chateau Barreyres（Arcins, Haut-Medoc）

Chateau Baudan（Listrac-Medoc）

Chateau Beau-Site Haut-Vignoble（Saint-Estèphe）

Chateau Begadanet（Begadan, Medoc）

Chateau Bel Air（Saint-Estèphe）

Chateau Bel Air（Cussac-Fort-Medoc）

Chateau Bel Orme Tronquoy-de-Lalande（Saint-Seurin-de-Cadourne, Haut-Medoc）

Chateau Bel-Air Lagrave（Moulis-en-Medoc）

Chateau Belles Graves（des）（Ordonnac, Medoc）

Chateau Bessan Segur（Civrac, Medoc）

Chateau Bibian（Listrac-Medoc）

Chateau Blaignan（Blaignan, Medoc）
Chateau Boscq（Le）（Begadan, Medoc）
Chateau Bourdieu（Le）（Valeyrac, Medoc）
Chateau Bourdieu（Le）（Vertheuil, Haut-Medoc）
Chateau Braude（de）（Macau, Haut-Medoc）
Chateau Breuil（du）（Cissac-Medoc）
Chateau Bridane（La）（Saint-Julien-Beychevelle）
Chateau Brousteras（des）（Saint-Yzans-de-Medoc）
Chateau Cabans（des）（Begadan, Medoc）
Chateau Cap de Haut（Lamarque, Haut-Medoc）
Chateau Capbern Gasqueton（Saint-Estèphe）
Chateau Chantelys（Prignac-en-Medoc）
Chateau Clare（La）（Begadan, Medoc）
Chateau Commanderie（La）（Saint-Estèphe）
Chateau Coteau（Le）（Arsac, Margaux）
Chateau Coutelin Merville（Saint-Estèphe）
Chateau Croix（de La）（Ordonnac, Medoc）
Chateau Dasvin-Bel-Air（Macau, Haut-Medoc）
Chateau David（Vensac, Medoc）
Chateau Devise d’ Ardilley（Saint-Laurent-Medoc）
Chateau Deyrem Valentin（Soussans, Margaux）
Chateau Dillon（Blanquefort, Haut-Medoc）
Chateau Domeyne（Saint-Estèphe）
Chateau Donissan（Listrac-Medoc）
Chateau Ducluzeau（Listrac-Medoc）
Chateau Duplessis（Moulis-en-Medoc）
Chateau Duplessis Fabre（Moulis-en-Medoc）
Chateau Duthil（Le Pian-Medoc）
Chateau Ermitage（L ‘）（Listrac-Medoc）
Chateau Escot（d’ ）（Lesparre-Medoc）

Chateau Fleur Milon （La） （Pauillac）

Chateau Fleur Peyrabon （La） （Saint-Sauveur, Pauillac）

Chateau Fon du Berger （La） （Saint-Sauveur, Haut-Medoc）

Chateau Fontesteau （Saint-Sauveur, Haut-Medoc）

Chateau Fontis （Ordonnac, Medoc）

Chateau Galiane （La） （Soussans, Margaux）

Chateau Gironville （de） （Macau, Haut-Medoc）

Chateau Gorce （La） （Blaignan, Medoc）

Chateau Gorre （La） （Begadan, Medoc）

Chateau Grand Clapeau Olivier （Blanquefort, Haut-Medoc）

Chateau Grandis （Saint-Seurin-de-Cadourne, Haut-Medoc）

Chateau Granins Grand Poujeaux （Moulis-en-Medoc）

Chateau Griviere （Blaignan, Medoc）

Chateau Haut-Beausejour （Saint-Estèphe）

Chateau Haut-Bellevue （Lamarque, Haut-Medoc）

Chateau Haut Breton Larigaudiere （Soussans, Margaux）

Chateau Haut-Canteloup （Saint-Christoly-de-Medoc）

Chateau Haut-Madrac （Saint-Sauveur, Haut-Medoc）

Chateau Haut-Maurac （Saint-Yzans-de-Medoc）

Chateau Houissant （Saint-Estèphe）

Chateau Hourbanon （Prignac-en-Medoc）

Chateau Hourtin-Ducasse （Saint-Sauveur, Haut-Medoc）

Chateau Labadie （Begadan, Medoc）

Chateau Ladouys （Saint-Estèphe）

Chateau Laffitte Carcasset （Saint-Estèphe）

Chateau Laffitte Laujac （Begadan, Medoc）

Chateau Lafon （Prignac-en-Medoc, Medoc）

Chateau Lalande （Listrac-Medoc）

Chateau Lalande （Saint-Julien-Beychevelle）

Chateau Lamothe-Cissac （Cissac-Medoc）

Chateau Larose Perganson（Saint-Laurent-Medoc）

Chateau Larrivaux（Cissac-Medoc）

Chateau Larruau（Margaux）

Chateau Laujac（Begadan, Medoc）

Chateau Lauzette-Declercq（La）（Listrac-Medoc）

Chateau Leyssac（Saint-Estèphe）

Chateau Lieujean（Saint-Sauveur, Haut-Medoc）

Chateau Liouner（Listrac-Medoc）

Chateau Lousteauneuf（Valeyrac, Medoc）

Chateau Magnol（Blanquefort, Haut-Medoc）

Chateau Marbuzet（de）（Saint-Estèphe）

Chateau Marsac Seguineau（Soussans, Margaux）

Chateau Martinens（Cantenac, Margaux）

Chateau Maurac（Saint-Seurin-de-Cadourne, Haut-Medoc）

Chateau Mazails（Saint-Yzans-de-Medoc）

Chateau Meynieu（Le）（Vertheuil, Haut-Medoc）

Chateau Meyre（Avensan, Haut-Medoc）

Chateau Moines（Les）（Couqueques, Medoc）

Chateau Mongravey（Arsac, Margaux）

Chateau Monteil d'Arsac（Le）（Arsac, Haut-Medoc）

Chateau Morin（Saint-Estèphe）

Chateau Moulin Rouge（du）（Cussac-Fort-Medoc）

Chateau Mouline（La）（Moulis-en-Medoc）

Chateau Muret（Saint-Seurin-de-Cadourne, Haut-Medoc）

Chateau Noaillac（Jau-Dignac-Loirac, Medoc）

Chateau Perier（du）（Saint-Christoly-de-Medoc）

Chateau Pey（Le）（Begadan, Medoc）

Chateau Peyrabon（Saint-Sauveur, Haut-Medoc）

Chateau Peyredon Lagravette（Listrac-Medoc）

Chateau Peyre-Lebade（Listrac-Medoc）

Chateau Picard (Saint-Estèphe)

Chateau Plantey (Pauillac)

Chateau Poitevin (Jau-Dignac-Loirac, Medoc)

Chateau Pomys (Saint-Estèphe)

Chateau Pontac Lynch (Cantenac, Margaux)

Chateau Pontey (Blaignan, Medoc)

Chateau Pontoise Cabarrus (Saint-Seurin-de-Cadourne, Haut-Medoc)

Chateau Puy Castera (Cissac-Medoc)

Chateau Ramafort (Blaignan, Medoc)

Chateau Raux (du) (Cussac-Fort-Medoc)

Chateau Raze Beauvallet (La) (Civrac, Medoc)

Chateau Retout (du) (Cussac-Fort-Medoc)

Chateau Reverdi (Listrac-Medoc)

Chateau Roquegrave (Valeyrac, Medoc)

Chateau Saint-Ahon (Blanquefort, Haut-Medoc)

Chateau Saint-Aubin (Saint-Sauveur, Medoc)

Chateau Saint-Christophe (Saint-Christoly-de-Medoc)

Chateau Saint-Estephe (Saint-Estèphe)

Chateau Saint-Hilaire (Queyrac, Medoc)

Chateau Saint-Paul (Saint-Seurin-de-Cadourne, Haut-Medoc)

Chateau Segue Longue (Jau-Dignac-Loirac, Medoc)

Chateau Segur de Cabanac (Saint-Estèphe)

Chateau Semeillan Mazeau (Listrac-Medoc)

Chateau Senilhac (Saint-Seurin-de-Cadourne, Haut-Medoc)

Chateau Sipian (Valeyrac, Medoc)

Chateau Tayac (Soussans, Margaux)

Chateau Temple (Le) (Valeyrac, Medoc)

Chateau Teynac (Saint-Julien-Beychevelle)

Chateau Tonnelle (La) (Cissac-Medoc)

Chateau Tour Blanche（Saint-Christoly-de-Medoc）

Chateau Tour de Bessan（La）（Cantenac, Margaux）

Chateau Tour des Termes（Saint-Estèphe）

Chateau Tour-du-Roc（Arcins, Haut-Medoc）

Chateau Tour Prignac（Prignac-en-Medoc）

Chateau Tour Saint-Bonnet（Saint-Christoly-de-Medoc）

Chateau Tour Saint-Fort（Saint-Estèphe）

Chateau Tour Saint-Joseph（Cissac-Medoc）

Chateau Trois Moulins（Macau, Haut-Medoc）

Chateau Tuileries（Les）（Saint-Yzans-de-Medoc）

Chateau Vernous（Lesparre, Medoc）

Chateau Vieux Chateau Landon（Begadan, Medoc）

Chateau Villambis（de）（Cissac-Medoc）

写书之前，总是感觉很容易，想想就那点事，讲一讲就OK了。事实上写起来还是遇到了不少的麻烦，幸好最后得到以下人员的帮助，才得以出版。

首先，感谢国家，感谢党能给这么个大好的环境，让我有机会把自己的一点知识拿出来和大家分享。看到这里您感觉我说得有些空了，哈哈，不过确实要感谢北京名特商贸有限公司。因为是公司给我一个平台让我更加直接地接触到葡萄酒，从而将学到的知识转化为实践。公司销售总监Frank Wang（王富斌）先生对我葡萄酒的品尝及葡萄酒知识的丰富起到了指点迷津的作用，在这里首先要感谢。至于公司好友louse（谢檬），特别感谢他为本书提供了大量图片。可以这样说，如果没有他提供的精美图片，书的质量将大打折扣。

其次，感谢我的那些好哥们、好酒友，赵传钰、孔滨、任成强、刘光晓、张翛翰、魏晓岩、李广阳等，是他们毫不保留地分享美酒与知识，才让我有了更进一步的提高。当然，我不能忘记颜岩为我的书籍提供了大量的修改意见。可以这么说，如果没有她的督促，没有她的建议，就没有这本书的出版。此外，还要特别感谢清华大学出版社，由于他们的支持与帮助，此书才得以顺利出版。